此书献给热爱设计专业的同学们

代 序

"代序"同"序"的区别在于"代"。这套丛书从酝酿、策划到首批书籍出版有它不同寻常的背景、动机和"出炉"过程，故将其"出炉"的背景和过程代为序。

时下，中国的设计教育进入了一个空前发展的历史阶段，它在给我们带来好运的同时也带来了许多困惑和忧虑：从教育观念的转变到教学体制的变革，从大规模扩招到教育质量的下滑，从教师水平的下降到学生素质的参差不齐……，这是我们必须面对的现实问题。同时，各院校又有各自不同的难题：有的忙于新办专业的基本建设；有的在急于缓解因扩招带来的重重压力；还有的全力以赴为申报博士点、硕士点东奔西跑……，但也有一些院校将重心放在教学改革和稳定提高办学水平和办学质量上。勿须质疑，教学改革是当前教育战线的主旋律，可喊唱的不少，实实在在推进的并不多。好大喜功、急于成名的浮躁学术风气渐渐盛行起来。教育工作百年树人，欲速则不达，需要时间来积累，这样简单的道理如今也遭到怀疑——有的学校连一届学生还没毕业，就宣称自己的办学观念如何先进，教学质量如何之好。他们将大量的精力都放到了如何"包装"和如何"打造"上。

去年初夏，在北京百万庄一个咖啡馆里，老朋友李东禧先生以他职业编辑人的敏锐看到艺术设计教育所面临的问题和隐匿的机遇：提出针对当前艺术设计教育改革和实践，收编和出版一批来自教学改革第一线的教学成果，尤其是课程改革实践成果，这对当前设计教育的改革和探索有着积极的现实意义。在李先生和中国建筑工业出版社有关领导的热心关照下，经过一段时间的酝酿，在江南大学设计学院牵头下，由华东地区几所名校教师成立了丛书编委会，第一批书目定为五本，由来自三所不同院校教师编写。此间两次学术会议更加印证了我们推出该套丛书的现实意义，一次是去年初秋在清华美院召开的"全国高等艺术设计院校视觉传达课程改革研讨会"，会议的规模虽然不大，活动也不张扬，但与会者都感到它的现实意义所在，对于教学第一线的教师来说最关心的不再是什么观念上的问题，而是教学内容和方法的实质性改革；第二次也是去年秋在南京艺术学院召开的"全国高等艺术院校学分制改革研讨会"，这次会上除了就如何推行学分制的改革进行了广泛交流外，引起大家关注的是"设计学院课程课题作品展"。我们认为再先进的教学观念，再合理的教学机制，最后都必须在具体的教学内容和教学方法上得到体现。这也是我们打算出版这套丛书最基本的一个出发点，同时，本丛书着重体现以下三个特点：1.提倡教学观念的转变，强调课程内容的新颖性和时代特征；2.放弃目前的课程名称与结构形式，打破传统教学过多强调概念和灌注式的教学，注重课程的实验性和原创性，激发学生主动学习的兴趣；通过课程的进程来展开教学。3.在注重原理性教学基础上，拓宽视野，融会贯通，强调学生的理解力、分析力和创造力。

这套丛书不仅是几本书的编写，而是数门典型课程的实验过程，它同一般大而全的专著型教材不一样，既包含必备的专业知识点，同时又必须针对课程教学的进程、时段等来展开，有较强的操作性。另外，参与编写工作的所有教师都有十几年以上的教学经历，选择的课目也具有代表性。当然，课程改革是一个循序渐进的过程，要不断地通过教学实践加以验证。我们希望这套丛书的面世能更好地增强同行之间的广泛交流，并欢迎更多的兄弟院校和热心于课程教学研究的老师共同参与，将这套丛书继续编写下去，为我国的艺术设计教育改革和实践做些实实在在的工作。

《高等艺术设计课程改革实验丛书》编委会
执笔 叶苹
2003 年 8 月

高等艺术设计课程改革实验丛书　　　　　　　　　　　　　　　•俞英著

中国建筑工业出版社

设施空间畅想
Imagination of facility space

CONTENTS
目录

前　言 …………………………………………… 5

第一周　教学计划、教师授课 ………………… 7
一、概述　　　　　　　　　　　　　　　8
二、环境空间分类 ……………………… 10
三、环境设施分类 ……………………… 11
四、列举四处代表性环境 ……………… 14
　1. 商业街购物中心 …………………… 14
　2. 城市中心花园 ……………………… 16
　3. 大学校园环境 ……………………… 18
　4. 住宅小区环境 ……………………… 20
五、列举代表性环境设施简介 ………… 22
六、四组学生制定计划书 ……………… 40
　A 组　学生制定商业街设施设计书面计划 … 40
　B 组　学生制定城市中心花园设施设计书面计划　41
　C 组　学生制定大学校园设施设计书面计划 … 42
　D 组　学生制定住宅小区设施设计书面计划 … 43

第二周　学生市场调研与分析 ………… 45
　A 组　商业街购物中心市场调研分析 … 46
　B 组　中心花园市场调研分析 ……… 52
　C 组　大学校园市场调研分析 ……… 58
　D 组　住宅小区市场调研分析 ……… 62

第三周　学生草图畅想 ………………… 67
　A 组　商业街购物中心草图畅想 …… 68
　B 组　城市中心花园草图畅想 ……… 74
　C 组　大学校园设施草图畅想 ……… 78
　D 组　住宅小区环境设施草图畅想 … 82

第四周　设计分析定案 ………………… 87
　A 组　商业街购物中心草图定案 …… 88
　B 组　城市中心花园草图定案 ……… 92
　C 组　大学校园设施草图定案 ……… 94
　D 组　住宅小区环境设施设计分析定案 … 96

第五周　人机工学简析与效果图表现 … 99
　A 组　商业街人机工学简析 ………… 100
　商业街效果图 ………………………… 101
　B 组　中心花园人机工学简析 ……… 106
　城市中心花园效果图 ………………… 108
　C 组　大学校园人机工学简析 ……… 112
　大学校园效果图 ……………………… 114
　D 组　住宅小区人机工学简析 ……… 116
　住宅小区效果图 ……………………… 118

后　记 …………………………………… 120

PREFACE 前言

在传统的教学课程设置中,课程名称有所不同,即:"环境空间设施设计"、"公共环境设施设计"、"公用设施设计"、"公共家具设计"、"街道家具设计""环境的装置"等。虽然叫法不一,但基本上都是围绕"设施设计"展开教学课程内容的。"设施设计"其内容大而广,从室内到室外,从大的空间到小的空间,从个人设施到公共设施,只要有人生存的环境里无处不体现着设施的存在。设施设计范围非常大,内容也非常广,仅仅通过5周的课程学习是远远不够的。所以制定教学计划,要选择有重点性、代表性、典型性、普及性的设施作为教学的内容。教学是通过教与学培养学生们的设计思维和方法,以及观察事物的敏锐性、捕捉事物的准确性、分析事物的条理性,以便在今后的设计中可以举一反三地发挥设计表现能力。

设施设计是环境艺术专业和工业设计专业的交叉课程,既要有环境艺术专业的知识,又要有工业设计专业的基础。本课程涉及到的知识面非常广,在涉及到相关学科知识时,引导查阅资料是非常重要的。

本书选择的学生作业中,有些最终完成的效果可能并不太成熟,但我们把教学环节中的重点放在学习设计的每个过程,激发培养同学的想像空间,确保每个环节都具体、细致地达到所要求的基点,然后再尽量提高水平,这才是教与学的惟一目的。

传统的教学,多数重视最后的效果图,将效果图作为课程学习的最终评定核心,忽略了学生学习过程中的发展、衔接和完善的阶段成效。结果发现,学业完成后学生仍然不太会实际操作设计课题。到了工作岗位后,在面对设计任务构思时,只能习惯性地从网上或进口资料中吸取点"改良"的养分,"炮制"出的效果图始终脱离不了原本的设计风格,更谈不上挖掘设计创意的潜力了。本书的编写,无意推翻或否定传统的教学体系,只是力图在教改上作些探索,根本目的是推进这方面的进步,若能对前面所说的有所触动,我们将倍感欣慰。

以上是我们在教学改革实验过程中的一点体验,供广大同行参考。

俞英
2003年9月于上海

第一周

设施空间畅想
教学计划、教师授课

第一周　教学计划、教师授课

课程名称：环境设施空间畅想

课程总学时为：五周（80～105学时）

时间程序：第一周
　　　　　老师授课，学生制定学习计划

主要内容：空间/环境/设施
　　　　　广泛全面了解相关知识和设施的概念，认识空间及设施形状，比较不同空间设施特点，确立小组人员分工到位，制定设计方案计划书。

教学要求：以四个代表性环境地点分成四组进行设计，每组4～6人，完成教学要求。每组提交书面报告书一份（A4装订）

环境地点：A组—商业街购物中心（6人）
　　　　　B组—城市中心花园（6人）
　　　　　C组—大学校园（4人）
　　　　　D组—住宅小区（4人）

教学方法：走出教室，到不同的环境中去，用摄影、记录、速写等方法捕捉、观察、寻找问题进行分析，制定设计主题。

教学目的：通过整体系统讲述，使学生了解环境空间设施的概念。认识环境设施的目前状况，激发学生对环境设施的认知。指导学生正确地收集资料，准确地做好市场调研，认真地确定设计主题，协调好每组同学间的合作与协助关系。

分隔设施

分隔设施

标志物设计

一、概述

　　从哲学上来理解空间，是指物质存在的广延性。从建筑设计上来解释空间，则是指被三维物体所围成的区域。建筑设计通常分为外部空间和内部空间，环境空间就是在这样的外部空间和内部空间中进行设计而创造出满足人们的意图与功能的积极空间。

　　建筑设计中的空间是把"大空间"划分成不同环境、不同意义的"小空间"，又将"小空间"还原到"大空间"中去。这从美学的角度来理解，是对立与统一、统一与变化的设计表现方法。"大空间"需要"小空间"的变化，而"小空间"又必须统一在"大空间"之中。空间基本上是由一个物体同人的感观间产生的相互关系形成的，是根据视觉作用确定的。所以，在统一与变化的"大空间"设计中，视觉因素的表现是非常重要的。

大伞下的人们

　　设施空间畅想，除了要注意视觉的统一与变化外，更重要的是满足人的精神与生理的需求。在不同的空间中畅想，创造出满足人们追求的积极空间，这就是设施空间畅想的主体。

特定的空间

　　我们无时无刻不处在这样的立体空间环境中，生活在这个地球上就表现为：在天与地间的环境空间中活动着。如果在空无一物的地面上撑起一把巨大的伞，在这个大伞的下面就会出现一个酷热阳光下保护人们休息的空间，在日常生活中，人们会经常无意识地在创造着这样的空间。例如，有时去野餐，在田野上铺上了毯子，一下子就产生出从自然中划分出来的一家团圆的特定场地的空间。又如：男女二人在撑开的阳伞下同行，由于撑开了伞，一下子在伞下产生了卿卿我我的个人空间世界。因此，空间的定义有两个层面：一是由三维物体所包合的范围区域；二是制造出特定范围中心的"引力"空间。空间畅想就是运用两种层面的空间表现，充分地表达出人们心理和生理情绪的环境空间。

　　空间需要发现与创造，畅想需要大胆的想像与表现，设施空间畅想就是要在一定的环境空间里进行无限的"畅所欲言"，将自己的全部思考与想像都充分地表达出来。在畅想和表达中必须始终与环境

《高等艺术设计课程改革实验丛书》
设施空间畅想/教学计划、教师授课

Imagination of facility space

第一周

空间条件相适应和协调，以人们需求的安全、健康、舒适、效率的生活基准为目标，从中构想和表现出不同的需求设施，表达出强烈的时代精神和文化气息，以及现代设施的综合、整体、有机的创新概念。

　　设施是城市空间环境中不可缺少的整体要素，每个环境中都需要特定的设施，它们构成氛围浓郁的环境内容，体现着不同的功能与文化气氛，是人们活动的空间装置与依附。当设施与经济、社会文化因素结合，方能变潜在环境为有效环境。当设施设计由单体设计转向群体和整体设计领域，就从社会空间构成角度增强了城市规划、环境空间设计的力量。

　　环境设施充实了城市空间的内容，代表了城市空间的形象，反映了一个城市特有的景观面貌、人文风采，表现了城市的气质和风格，显示出城市的经济状况，是社会发展和民族文明的象征。

　　设施具有强烈的审美价值。随着社会的发展，生活方式的改变，思维方式的活跃，交往方式的改变提高，现代人在期望现代物质文明的同时，也渴求精神文明的滋润。设施在高度文明社会环境的创造中，发挥着极其重要的作用。

　　环境设施不仅给人们带来了舒适、方便的生活，也是城市风貌的高度概括，给人们留下的是深刻印象和诗般的回忆。

　　当今，科学技术突飞猛进，信息传递方式的变化，促进了环境设施的发展，其特征是从旧体系转变为"信息化"体系。环境设施，在城市机能的各类构成要素中，与环境因素的"空间信息、时间"等关系互换而具有一定的环境价值。

　　经济发展的多元化，城市形象的多样化，也促进及导致了环境设施的多样化。每个环境都有不同功能的区域要求，设计需要在这样的要求中去发展畅想，这就是如何掌握设计的原理以及如何运用原理去发挥优秀畅想的表现力。

环境空间

《高等艺术设计课程改革实验丛书》
设施空间畅想/教学计划、教师授课
Imagination of facility space

第一周

二、环境空间分类

根据设计将环境空间大致归纳分类如下：

★商业环境空间 { ●商业街道 / 购物中心 / 休闲广场

★绿化环境空间 { ●中心花园 / 大、中、小型公园 / 花园绿地广场

★文教环境空间 { 幼儿园 / ●学校 / 图书馆

★居住环境空间 { 里弄环境 / 街坊环境 / ●居住小区 / 公寓宿舍

展览环境空间 { 美术馆 / 展览馆 / 博物馆

★交流环境空间 { 车站 / 码头 / 机场

医疗环境空间 { 医院 / 诊疗所 / 疗养院

旅游环境空间 { 旅馆 / 游艺场

观演环境空间 { 剧场 / 电影院 / 杂技场 / 音乐厅

体育环境空间 { 体育馆 / 游泳馆

科研环境空间 { 科研院 / 实验楼

办公环境空间 { 办公室 / 会议室

工业环境空间 { 厂房 / 车间 / 生活间

★ 为教师重点授课部分　● 为学生重点作业部分

《高等艺术设计课程改革实验丛书》
设施空间畅想/教学计划、教师授课

Imagination of facility space

第一周

三、环境设施分类

根据我国实际情况将环境设施大致归纳分类如下：

- 管理系统 { 电线柱 / 路灯 / 电气管理 / 控制设施 / 消防管理设施 }

- ★交通系统 { 人行天桥 / 连廊 / 止路障碍 / 铺地、坡道、台阶 / ●公共汽车站 / ●自行车停车处 }

- ★信息系统 { 标志 / ●公用电话 / ●指示牌 / 电子查询台 / 信息终端 }

- ★照明系统 { 道路照明 / ●商业街照明 / 广场照明 / 公园照明 / 建筑照明 / 商品陈列照明 / 装饰性照明 }

- ★游乐具系统 { 静态游乐具 / 动态游乐具 / 复合型游乐具 }

- ★配景系统 {
  - 水景 { 喷水 / 溪流 / 水幕 / 瀑布 / 水池 }
  - 绿化 { 树池 / 盆景 / 花坛 / ●绿地 / 种植器 }
  - 雕塑 { 动态 / 静态 / 标志性 / 象征性 / 纪念碑 }
}

- ★卫生系统 { ●垃圾箱 / 烟灰缸 / 饮水器 / 洗手器 / 公共厕所 }

- ★休息系统 { ●长椅 / ●坐凳 / ●坐具 }

- ★无障碍设施系统 { 交通 / 信息 / 卫生 }

★为教师重点授课部分　●为学生重点作业部分

根据设计将公共设施空间畅想归纳为20步：

1. 满足
满足就是对环境设施进行分析时，寻找其优点，发现可以再利用的环节，并在设计时予以保留。

2. 不足
不足是指设计中不合理的部分(环节)，找出问题所在，分析不足之处，提出解决问题的方法。

3. 难堪
难堪是指在环境设施中，无形地伤害人的生理和心理部分，这些部分令使用者和旁观者感到尴尬。

4. 伤害
伤害指在公共环境设施中，存在着不合理设施的因素，造成身体和生理方面的伤害，甚至威胁生命的安全。

5. 观察
设计师必须具有一双敏锐的眼睛。善于观察的人，才是会找问题的人，会找问题才会发现问题，有了问题才会努力地解决。所以，观察是设计师从事设计的最基本条件。

6. 认知
认知是通过观察发现问题，分析问题，提出解决问题的方法，达到对解决问题办法的认可。

7. 感悟
感悟是在认知的基础上又悟出更深层次的认识和启发。一般是通过几个环节（回合）后才能有感悟。

8. 分析
设计师在启发感悟的基础上，对环境设施空间设计做出分析。此时，工作已到了方案构思阶段，设计师要分析使用者的特性、环境设施空间特点、使用条件、使用时间等。只有在合理分析的基础上，设计工作才能继续进行。

9. 思考
思考是指设计师要从多方面的角度去思索问题，运用多种思维方式进行全方位的考虑。

《高等艺术设计课程改革实验丛书》
设施空间畅想/教学计划、教师授课

Imagination of facility space

第一周

10.举例
　观察事物、分析事物，提出可行方案、即优点列举法、缺点列举法、逆向列举法、正向列举法等。

11.提炼
　通过前面的分析，提出设施空间设计的优缺点，在理想的方案中进行再次设计、提升设计。

12.结论
　结论是对特定的设施空间设计作出评判，提出发展方向，综合评定。

13.明辨
　明辨是明确辨明设施空间设计的主要特点。头脑清晰，思路敏捷，辨明好坏与真伪。

14.统筹
　设施空间设计不是单体的设计，必须作统一规划，全面掌握空间与环境的关系及各种综合信息。

15.立论
　在经过前面所有的畅想步骤之后，设计师就要对特定的环境设施空间的设计作出明确的设计定位。

16.发想
　根据设计定位，设计师对方案进一步发想，运用启迪性发想、仿生性发想、列举性发想等设计方法进行创意。

17.方案
　根据发展过程确定设计方案，用多种思维方法进行方案表现。最后定案，并进行细化设计。

18.检测
　检测是分析方案的可行性，将设计方案进行再设计，努力达到精益求精的要求。从经济、社会、功能、审美等方面进行全面评价，检测。

19.完善
　根据检测与评价结果，再次对设施空间设计方案修订、完善。

20.立案
　完成设计方案后，确立设计方案完整、可行、无任何问题便可制作图纸、模型。

四、列举四处代表性环境

上海南京路步行街

1. 商业街购物中心

商业街是现代城市经济繁荣的象征,城市经济、文化等方面的发展水平如何,从商业环境的整体水平上充分地体现和表现出来。

在当今社会综合交叉发展的趋势下,商业街已从单纯的商业售卖转变成集休闲、娱乐、餐饮、购物为一体的体验经济行为的多种形式,反映出来的商业街环境,更体现出贴近人的多种行为需求的人性化设计,从环境表达内容中反映出人文需求的心态活力趋向。现代商业街的功能定位是以广泛的消费形式积聚为中心,它在功能上折射出人们变幻多姿的生活方式;在社会形式上反映出多彩的人生节奏;在环境的各个设施设计上更突出表现出人机性的物质功能、人文性的精神功能、个体性的特殊需要及社会性的公共秩序等。

上海徐家汇港汇广场夜晚的商业街

《高等艺术设计课程改革实验丛书》
设施空间畅想/教学计划、教师授课
Imagination of facility space

第一周

灯火通明，不减白天的热闹景象

广告牌、门牌标志
都起到了照明的作用

夜晚的商业街路灯照明设施

《高等艺术设计课程改革实验丛书》
设施空间畅想/教学计划、教师授课
Imagination of facility space

插并列存在。它也是提供人们交流开放的空间，是散步休憩的场所，是追求人情人文的环境，塑造一个绿意融融的精神大家园。

花园一角

2．城市中心花园

城市中心花园，在城市设计中是不可缺少或者说是不可分割的一部分。它是形成一个城市面貌的重要组成部分之一。中心花园同城市建筑、街道一样，需要在整个城市设计里相互渗透与穿

休闲亭

《高等艺术设计课程改革实验丛书》
设施空间畅想/教学计划、教师授课
Imagination of facility space

第一周

中心花园的设施主要体现在艺术表现的雕塑、实用美观的休闲廊、美化环境的照明、方便使用的垃圾桶、指示牌等等。也有部分中心花园内设有健身、娱乐的设施。

花园一角

花园一角

《高等艺术设计课程改革实验丛书》
设施空间畅想/教学计划、教师授课

Imagination of facility space

某大学校一角

某大学校一角

某大学校教学楼

3. 大学校园环境

　　大学校园环境在表现出浓郁知识文化的气氛中，同样具有功能和形式表现的多样性。走进任何一个大学校园，在感受到比较相近的雅趣、安逸、温馨的环境风格的同时，也自然地从中领受到不同区域功能风格的变化，及学校特有的历史文脉和特性的表现。

　　依据大学的共同特点设计校园环境，在功能区域的划分和设定方面具有很多特殊性，一是对不同区域的理解划分和连贯性布局、二是不同区域功能个性既要鲜明区分又要形成有机整体，三是把文化

《高等艺术设计课程改革实验丛书》
设施空间畅想/教学计划、教师授课

Imagination of facility space

第一周

某大学校一角

大学教学楼

某大学校一角

脉络个性和时代特征充分反映出来，四是多用绿化造景和艺术小品浑然一体地展现出校园的恬静，五是利用各种手法打造出时代青年的学习生活氛围。

　　大学校园的环境既是特殊社会全面构成的缩影，又是现代精神的典型代表。

某大学校运动场一角

为了您能更好的享受校园生活，
让我们携起手来共创美好环境。

19

4．住宅小区环境

安居方能乐业，理想的舒适居所是每一位现代人最真诚的向往与追求。

住宅小区的共同特点是优秀的管理以及人性化的设计。现代化的设施、高尚典雅环境、浪漫温馨的公共空间，都是人们追求的现代住宅小区环境空间具有的特性。人们在仅有的几十平方米或一、二百平方米的小小的空间内难以实现的理想，都将寄托在整体小区的公共环境中得以实现与体验。所以追求绿色、自然、温馨健康的设施环境是人们共同心愿。

休闲区域

花园与路面

《高等艺术设计课程改革实验丛书》
设施空间畅想/教学计划、教师授课
Imagination of facility space

第一周

小区建筑环境与风格的表现主要体现在设施上。大规模的小区较为全面地体现在花园、动与静的水景、美观实用的娱乐休闲区域，完善周到的生活区等。因此，设施的种类与内容相对要丰富得多了。

雕塑/休闲廊

小区水景

《高等艺术设计课程改革实验丛书》
设施空间畅想／教学计划、教师授课
Imagination of facility space

五、列举代表性环境设施简介

金属装饰树池箅

花草树池

混凝土装饰树池箅

树池箅／树池

　　树池，一般是指树根与地面间周围1m左右栽培树根的那"部分"。树池箅主要用途是与铺装过的路面有着美观镂空的区分，以此达到浇水、施肥的作用。

　　由于路面通常是使用混凝土、花砖、天然石、沙砾等铺装而成，而这些材料大多数是防水、不透气，如果将这些材料铺装到树根处，那么树根就无法吸收水分与氧气，便难以成活。为了树的成活、路面的完美，树池与地面间的风格统一，因此即有了树池箅的设计。

《高等艺术设计课程改革实验丛书》
设施空间畅想/教学计划，教师授课

Imagination of facility space

第一周

地面铺装／路缘石

路面，无论人们是步行、跑步、或者骑车，都必须直接接触到，因此是城市建筑及环境设计中最为常见的设施。路面最基本的设计要求就是易清洁、防滑，另外要考虑的是经久耐用，有功能区域化分，必要的时候可以采用色彩，纹理等方法处理其功能性。经济、美观、适用也是永久考虑的问题。

路缘石是路面与草坪间或马路与人行道间的边阶，是为确保行人安全、交通诱导、保留水土、保护绿化，及区分路面铺装等而设置的。

路缘石

鹅卵碎石路面

天然石不规则铺装路面

砖砌块路面

《高等艺术设计课程改革实验丛书》
设施空间畅想/教学计划，教师授课
Imagination of facility space

第一周

台阶/坡道

台阶，是从低处到高处的一种常见的形式，当然还有坡道会同时出现与使用。台阶是提供给人们行走使用的，而坡道却是给轮椅专用或车辆使用的通道。

传统的台阶、坡道是与地面铺装相结合，统一设计与施工的。因此，这些往往与地面铺装统一考虑，包括材料选用，设计风格等各方面因素。但是随着科技与经济的发展，出现了电气化、自动化的台阶电梯和坡面电梯。这种设施大部分使用在大型的超市和商场。这一设施的出现，大大地减少人们的劳动强度，解决了人们的负担，丰富了人们的生活，也提高了生活的品质。

砖石台阶

坡面电梯

鹅卵石与碎石铺面的台阶

台阶式电梯

毛面大理石坡道

《高等艺术设计课程改革实验丛书》
设施空间畅想/教学计划、教师授课

Imagination of facility space

种植容器／花坛

种植容器其用途很多，常用于节日或者展览会等临时布置或随时变化布置的场所，也有用于维护或者无须维护的场所。此外，还有用来作为限定或分隔空间区域之功用。

种植容器常用于植物不能自然生长的场所。容器的造型和种植物的造型可以千变万化。可以任意摆放组成图案，也可以用作烘托环境空间气氛，组成围栏等各种表现方法及功用。

花坛与种植容器的功能与作用基本相似，只是花坛比种植容器要大而且不能移动，往往根据环境因地制宜地设计造型。

台阶式花坛

图案式花坛

木制材料种植容器

石刻种植容器

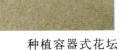

种植容器式花坛

《高等艺术设计课程改革实验丛书》
设施空间畅想/教学计划．教师授课

Imagination of facility space

第一周

街道上的分类垃圾桶

垃圾箱

　　垃圾箱是为人们提供方便投放垃圾的一种常用设施。垃圾箱通常放在人们活动较多的场所，例如：公共汽车站、自动售货机、商店门前、通道、和休息娱乐区域等等。在我们生活的空间中，它是不可缺少的一种设施！

分类垃圾桶

公园里的分类垃圾桶

《高等艺术设计课程改革实验丛书》
设施空间畅想/教学计划、教师授课

Imagination of facility space

第一周

公园里的公共厕所

商业街的公共厕所

公共厕所

公共厕所，无论你在什么空间中生活，它都是生活中必不可少的一种设施。长期以来由于传统的公厕设施影响着市容美观性，所以，一直都把这类的设施隐藏起来。因此，在街道、操场及其他的公共场合中几乎难以发现公厕的存在。这给人们带来了极大的不便，所以在许多公共环境中有随地便溺的迹象，特别是在一些公共死角的环境中，几乎都嗅有便溺的臭气。甚至还有粪便暴露在地面上。这一切，都是环境设施的公厕没有很好地设计而导致的不良现象。所以，公厕是环境设计中非常重要的设计之一。

《高等艺术设计课程改革实验丛书》
设施空间畅想/教学计划、教师授课

Imagination of facility space

TELEPHONE

室内公共电话亭

自助手机充电设施

电话亭

电信业的发展，给人们生活带来了很大的改变，同时也对各个方面产生了深远的影响。电话亭，是公共环境中非常重要的设施之一，虽然在城市里有许多人士已经有了移动电话。但这样的设施还有它存在的必要性，例如：手机没电的时候，老人、儿童急需帮助或报警的时候等等，都是设置公共电话亭的特殊需求条件。

《高等艺术设计课程改革实验丛书》
设施空间畅想/教学计划、教师授课

Imagination of facility space

都市指南终端

该环境设施是在原来传统的"指示系统"的基础上发展起来的。这种设施更加有"自助"的优越性符合当今市场及科技发展的趋势。它的储存信息空间更大,更加满足了不同人群的需要。自助操作,可以准确快捷地达到目的和要求。

自助售票设施

自助信息查询设施

自助信息查询设施

第一周

《高等艺术设计课程改革实验丛书》
设施空间畅想/教学计划、教师授课

Imagination of facility space

坐具

公共设施中，坐具是最为常见、普通的一种设施。我们通常称可以支撑人体臀部的物品为坐具。人们无论是休闲散步、逛街购物、还是玩耍娱乐以及候车等待等等，都会习惯性地找到适合自己的空间，以及可以休息缓解疲劳的"依具"。坐憩或依附的器具成了必不可少的坐具设施。

因为人们疲劳的时候无论是椅子、凳子，还是台阶、护栏等，只要能支撑人的"物品"，都会有人去"坐"。所以，在这里写作"坐具"不仅限于"椅子"的设施。

公交站的弧面坐椅

公园里的釉面砖坐具

攀爬形的坐具设施

公共站台坐椅

《高等艺术设计课程改革实验丛书》
设施空间畅想/教学计划、教师授课

Imagination of facility space

水的游戏空间

水的游戏空间

运动器具游戏空间

沙地的游戏空间

游戏区

　　游戏是一种本能的活动，不论什么样的儿童都喜欢参与游戏活动。在游戏场地应设计以鼓励性、创造性、自发性的游戏设施为佳，以此不断地激发儿童参与活动的意念，使儿童有机会表现更丰富的想像力和拓展思考空间。

　　沙滩和水，是儿童永远玩不够的一种自由游玩设施。

第一周

31

《高等艺术设计课程改革实验丛书》
设施空间畅想/教学计划、教师授课
Imagination of facility space

指示系统

指示系统也称视觉识别系统的标志物设计。指示系统分为：
1. 名称指示（包括设施招牌、树木名称牌等）
2. 环境指示（包括公园导游图住宅楼牌、停车场导向牌、方向指示牌等）
3. 警告指示包括限速警告、禁止入内标志警告等）

指示系统的设置以简单明了地提供信息、方向等内容为主要目的。其中包括标志形式、风格特色、色彩功能等综合表达，形成优美的环境设施。

指示牌

残疾人用指示牌

综合性指示牌

指示牌

《高等艺术设计课程改革实验丛书》
设施空间畅想/教学计划、教师授课

Imagination of facility space

第一周

停车场地

  我们目前的停车场地有两种：1.汽车停车场地；2.自行车停车场地。中国是个自行车王国，自行车停车场是个重要而且急需解决的问题。城市人多，自行车也就多，几乎平均每人一辆，空地较小，如何解决这样的问题是设计需要考虑的。

汽车停车处

自行车停车处

《高等艺术设计课程改革实验丛书》
设施空间畅想/教学计划．教师授课
Imagination of facility space

围栏

花坛分隔

装饰雕塑分隔

水分隔

装饰围栏

分割设施

　　分割设施，是区域划分、标明边界、区分车流与人流、启发诱导等方面的一种具功能作用的设施。也可以用来防止外来人或车辆侵入某一区域。这种设施包括直立的构件，如墙、篱笆、围栏、路障、花坛、沟渠及水景。也有用装饰雕塑的手法表现这一功能作用的设施。

《高等艺术设计课程改革实验丛书》
设施空间畅想／教学计划、教师授课

Imagination of facility space

第一周

水景

　　水是生命的源泉，是人的生活中不可缺少的物质。

　　在环境设计的空间里，水景的设计是重要的表现形式。它不仅给人们带来生命的依附、心理上的舒缓，在美的形式表达方面，也是容易表现的一种设施。

　　水，可以静，也可以动。这是水的特性。静的水，可以以此产生倒影，使空间显得格外深远。特别是夜晚照明的倒影，效果更加宜人，空间感也倍加开阔。动的水，可以划定空间与空间的界限，可以在视觉上产生空间的距离，也可以进一步夸张水的动势，使人的心境变得豁达。

　　（1）跌落　————　瀑布
　　（2）流淌　————　溪流
　　（3）停留　————　水池
　　（4）喷射　————　喷水

停留

流淌

喷射

跌落

《高等艺术设计课程改革实验丛书》
设施空间畅想/教学计划、教师授课
Imagination of facility space

休闲廊

休闲亭

休闲廊

休闲廊

休闲廊，顾名思义，其用途是提供人们休息、交谈、娱乐等的环境空间。

休闲廊由凉亭发展而来。而凉亭又来源于早期的葡萄架、藤架等蔓生植物的庇荫设施。由于遮阳效果好、易维护，且自然生长逐渐茂盛等优点，所以在外部空间设计中，不论是家庭的庇荫花园还是在公园里，只要有足够的空间，基本上都会有这样的凉亭以供给人们方便休息。也有运用凉亭的基本功能作为外部空间通道的环境设施使用

"凉亭"的缺点是遮阳不遮雨，而休闲廊根据不同的环境设计，发挥的作用更加广泛，具有可以遮阳，也可以遮雨等多种功能。

《高等艺术设计课程改革实验丛书》
设施空间畅想/教学计划、教师授课

Imagination of facility space

第一周

标志物

"标志物"与雕塑小品从形式上有着相同之处，其主要体现在融合了纪念性、指示性、说明性等方面的意义。以雕塑的形象或形式展示出来，体现着文化的内涵。

指示性标志物

纪念性标志物

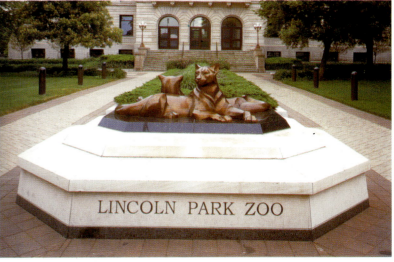

标志物

37

《高等艺术设计课程改革实验丛书》
设施空间畅想/教学计划、教师授课
Imagination of facility space

第一周

照明

照明，除从最初照亮环境，帮助行人安全行动，便于维持公共秩序和安全保卫等基本功能要求外，目前的照明已经上升到了作为设施小品的一种，它直接影响着环境设计的风格以及成为体现环境设计特色的重要因素之一。

室内装饰照明

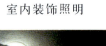

室外雕塑照明

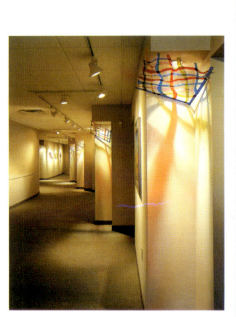

室内走道的照明

室内空间中的照明

《高等艺术设计课程改革实验丛书》
设施空间畅想/教学计划、教师授课
Imagination of facility space

第一周

标志性雕塑

纪念性雕塑

动态雕塑

力学原理的动态雕塑

雕塑

　　雕塑，是体现着一种社会文化，体现着一种高品质的艺术环境氛围的设施，同时陶冶人们的情操，满足人们的精神需求。在当今的社会环境中，无论是园林、公园、广场，还是街道、工厂、企业等，多数是以主题性的雕塑设计作品进入不同的环境中。这种设施基本上是以艺术表现形式美感为主要特色的。

六、四组学生制定计划书

A组 学生制定商业街设施设计书面计划

▶▶▶ 课题：商业街购物中心环境设施设计

A组 6人   组长：林真

第一周
  跟老师学习关于环境景观设计的知识，看图片，做笔记，去图书馆，小组成员形成几次讨论。

第二周
  到商业街进行实地实景拍摄，到专业教室进行小组讨论，制作调查问卷，进行路人访问，对问卷结果进行讨论分析，收集资料并进行资料分析，明确个人设计课题。

第三周：按照各自的分工做好每个人的事情。
第四周：汇总讨论。
第五周：总结文字及图片，编排A4大小的作品一本。
制作方案
第一步：为了更好的设计，首先进行第一步的设计定位。
1.商业街是"尊重人类自身"思想的最完美的体现，实现了以人为主体的街道环境设计，考虑到将步行空间作为综合交通体系中的组成部分纳入到城市街道的建设中。步行街道通常设置在商业中心的街区内，是城市街道的一种特殊的形式，是既舒适又具有步行功能的商业环境，其主要的功能是汇集和疏散商业建筑中的人流，并为这些人群提供适当休息和娱乐的空间，创造出既安全舒适，又方便的购物环境。

2.步行街的景观特征体现出设计及设施都是为人服务的，所有设施和环境景观设计的尺度应该是宜人的。在对整个商业街的设计上本着一切以人为本的原则，一切设计都是为人服务的，所以在设计中将更多的关注人性化设计，即对弱势群体及儿童的关怀。其他注意问题：无论是设计的局部还是城市空间文化，都将赋予城市元素的真正的内涵。

  如那些构成公共区域概念的城市元素，使城市具有了某种标志，通过它，人们可以了解这座城市。第二步：为了进一步了解社会各个阶层，各个不同职业、年龄的人群对城市景观设计的要求和需求，我们需要制作一张调查问卷。

《高等艺术设计课程改革实验丛书》
设施空间畅想/教学计划、教师授课

Imagination of facility space

B组 学生制定城市中心花园设施设计书面计划

课题：城市中心花园环境设施设计 ◀◀◀

B组　6人　　　组长：薛峰

重点环境设施设计：
公共座椅，灯饰，垃圾桶，宣传栏，导向牌，花池，护栏。

第一周
　　对现有的公园、绿地的环境设施进行实地的调研，通过亲自体验、使用以及询问了解的方式，对环境设施有一个客观的更为直接的认识，并对重要的有价值的信息进行记录，对现有的设施拍照记录。所选择的地点要有代表性，各个地点之间要有区别，不能太过雷同。对所收集的资料进行分析、讨论，找出共同的问题，定制大致的发展方向，为下一步设计改良阶段作好充分的准备。

第二周
　　提出方案：通过小组讨论，决定出方案的整体风格。大家将各自的想法提出来，制定初步的方案，而后组员对某个具体的设施进行深入的设计、改良。

第三周
　　将每个人设计的方案集中起来，共同讨论，进行修改，以达到统一和谐的目的。将讨论好的方案绘制草图以及大致的尺寸图。

第四周
　　对方案精心建模，用电脑制作三维仿真模型。

第五周
　　制作版面，对以前的照片、记录、图片、文字等排版，作最后的总结。

《高等艺术设计课程改革实验丛书》
设施空间畅想/教学计划、教师授课

Imagination of facility space

C组 学生制定大学校园设施设计书面计划

▶▶▶ 课题：大学校园环境设施设计

C组 4人   组长：张婷

第一周
　　学习有关设施空间的知识，了解在不同的环境里，相同设施的不同性及相同点。进行书面认识，从照片中获得感官的认识。小组成员讨论调查方向。

第二周
　　到各个大学校园进行实地拍摄及调研，收集照片，进行分类汇总，小组集体对照片进行分析，设计调查问卷。

第三周
　　对调查进行总结及再次分析，确认发展目标及发展方向。

调研方案如下：
（1）校园指示系统
　　1.指示系统的分布
　　2.指示系统的摆放位置是否合理
　　3.指示系统显示明确性
　　4.指示系统准确性
（2）校园公共设施与校园环境的结合
　　1.花坛问题
　　2.公共座椅的放置
　　3.洗手池与垃圾桶的结合
（3）校园公共设施的合理性
　　1.公用电话亭在校园内是否要摆放
　　2.公共厕所在校园内是否应该存在
　　3.地下自行车停车棚的设计是否合理
　　4.汽车停车位的放置是否合理
　　5.垃圾桶的摆放是否合理
（4）校园照明系统
　　1.路灯及庭院灯的问题
　　2.指示系统与路灯
　　3.环境渲染灯的摆放位置

第四周
　　在上周提出的方案上进行草图分析及修改，最后定稿。

第五周
　　总结文字及图片，确认效果图，编排A4作品1份。

《高等艺术设计课程改革实验丛书》
设施空间畅想/教学计划、教师授课

Imagination of facility space

D组 学生制定住宅小区设施设计书面计划

课题：住宅小区环境设施设计

D组 4人   组长：陈习隽

第三周

运用脑力激荡法，小组成员在教室集中讨论，异想天开，突破禁锢，打开思路，绘制大量草图，并和老师沟通，听取意见。

第四周

在第三周的基础上，进行草图分析比较，确定一组方案，并对此组方案继续深入讨论、研究推敲，直至得出最佳设计方案。

第五周

查阅相关人机工学资料，运用制图软件将设计方案显示于纸上，并对前四周总体规划，做出一份A4设计报告，上交作业，并听取老师点评。

住宅小区调研报告

寻找一个具有代表性的住宅小区，进行统一的设计。

设计种类：垃圾桶，标识系统，街灯，护栏，公共休息椅，停车位。

设计理念：一是体现小区的文化内涵，小区的地理特色；二是在设计中加入更多的人性化设计，考虑到小区内老人、孩子以及残疾人的需求，在设计中加入关怀性设计。

第一周

在室内学习理论知识，对路缘石、种植器、灯具、坐具等有一个大致的了解（主要通过老师口头讲解、多媒体演示）。与现实结合，小组成员外出调研，进行实地拍摄，收集资料，例如我们组选定2~3个住宅小区，有高层住宅小区、多层小区及公寓楼小区，进行有针对性的调研。

第二周

将第一周收集到的原始资料结合所学理论进行分析比较，例如寻找相同设施在不同环境空间下的共同点与不同点等横向比较，将小区设施目前现状与以前状况进行纵向比较，确定设计方向。

第二周

设施空间畅想
学生市场调研与分析

《高等艺术设计课程改革实验丛书》
设施空间畅想/学生市场调研与分析

Imagination of facility space

第二周 学生市场调研与分析

主要内容：环境／设施／主题

  确立环境空间主题，根据上周的人员编排及分工情况将收集、调研的情况进行汇总，提出问题、解答问题、补充细节资料及相关知识资料。地点范围的平面图（最好是土建准确图）将以上的内容通过图、文的形式表现出来。

教学要求：共四组，每一组一套调研图片及文字资料，最终装裱成 A3 大小，每人约为 2 张（暂不装订）。

环境地点：A 组商业购物中心（以蓝色页面表示）

  B 组城市中心花园（以红色页面表示）

  C 组大学校园（以绿色页面表示）

  D 组住宅小区（以黄色页面表示）

教学方法：在教室内，以小组为单位进行讨论整理资料，确定具体性主题。以组为单位与老师讨论，确定主题性内容。

教学目的：通过收集资料和市场调研资料汇总分析与研究环境设施存在的问题，提出解决问题的思路与方法，指导和培养学生分析问题、解决问题的能力。通过了解畅想20步，确立下周的工作。

内部空间设计

《高等艺术设计课程改革实验丛书》
设施空间畅想/学生市场调研与分析

Imagination of facility space

A组 商业街购物中心市场调研分析

▶▶▶ 垃圾桶（箱）

这是国外的一个便利店外面的垃圾桶，无论是从颜色、款式以及功能来说，都是比较理想的一款垃圾桶。从功能和使用来说：它区分了有机和无机垃圾的投入口。从造型和色彩来说：它和后面的便利店颜色相统一，使人在视觉上有和谐的感觉。

在下面的照片里，我们看到、在这个垃圾桶的上方放置了一个很大的盒子，影响后面的人使用。

在商业街中我们也能经常看到，有些人在购买物品后立即把包装去掉，这样就需要更大的垃圾存放空间。

商业街上的垃圾流量比较大，现在商业街内的垃圾桶存在着储存量小、垃圾投放口小等急需解决的问题。

在商业街里经常能看到路人把喝剩的饮料放在垃圾桶的上面，这样比较影响市容。在设计的时候可以考虑做一个专门丢饮料容器的垃圾桶。

《高等艺术设计课程改革实验丛书》
设施空间畅想/学生市场调研与分析
Imagination of facility space

▶▶▶ 电话亭

问题：
　　在城市的街头，每隔几十米我们就能看到一个电话亭，在我们的生活中它是一个普通的设施，但由于其功能的特殊性，我们不得不对它的造型提出一些要求。我们现在看到的电话亭在形态方面的问题有：
- 造型过于简单；
- 形态太过统一而显示不出不同地域的不同文化氛围；
- 色彩不醒目，有时甚至是躲在树丛中让人难以发现。

在功能方面的问题有：
- 个人的隐私保密性不强；
- 遮风挡雨性不强；
- 设计合理性不够。

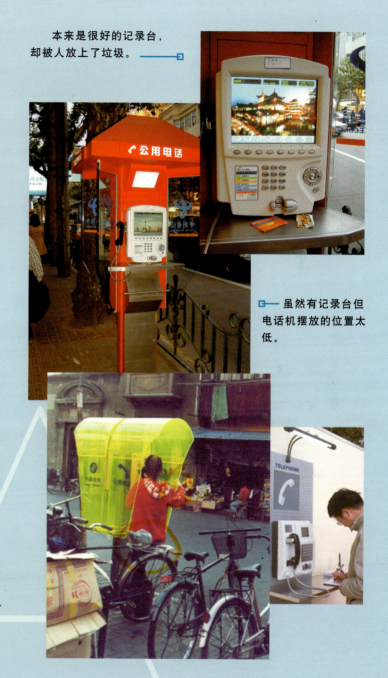

本来是很好的记录台，却被人放上了垃圾。

虽然有记录台但电话机摆放的位置太低。

电话亭周围都是自行车，影响人们打电话，秩序也显得很乱。

没有记录台，打电话时很不方便。

A组

《高等艺术设计课程改革实验丛书》
设施空间畅想/学生市场调研与分析
Imagination of facility space

▶▶▶ 候车亭／停车处

公共汽车的站牌没有遮阳物，人们在看站牌的时候容易产生眩光，视觉效果不好。

公共汽车离站台太远，在下雨天时乘客上下车不方便。

在马路边因为没有相应的公共配套设施，人们怕自行车被偷，所以将其锁在围栏或电线杆上，显得零乱，影响市容。

在公共汽车站台上，人们翘首企盼下一班车的驶来。

公共汽车站台的座椅是给疲惫的人们提供一个比较舒服的凭靠，供人们稍作休息。但是很多时候人们坐到上面时会把脚也搁在上面，既影响其他乘客又有碍市容。

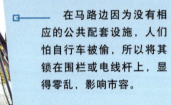

《高等艺术设计课程改革实验丛书》
设施空间畅想/学生市场调研与分析
Imagination of facility space

分隔设施 ◄◄◄

A组

在人多的休闲假日，护栏成了人们的座椅。

护栏成了孩子们游玩的场所，比较危险。

用流水作护栏是比较好的设计，从造型的角度来说它美观大方，从功用方面来说它能发挥护栏的最大功能。

在很多时候可以考虑将护栏和座椅相结合设计。

把灯具作为坐具使用。

《高等艺术设计课程改革实验丛书》
设施空间畅想/学生市场调研与分析
Imagination of facility space

▶▶▶ 指示系统/护栏/坐具

商场的指示系统与座椅的摆放位置之间存在问题。座椅放在指示系统下面，影响顾客查看信息，且指示系统摆放位置偏低，若人多时会妨碍外圈的顾客查看。

护栏做得太低，很多人会把脚搁到护栏上，这样容易损坏护栏，而且城市市民的形象也不好。

护栏在很多时候尤其是节假日里，经常被人们作为休息的座椅来使用，所以在设计的时候可以将护栏和座椅相结合来考虑。

马路边的护栏经常被老人作为暂时的休息椅来使用。

《高等艺术设计课程改革实验丛书》
设施空间畅想/学生市场调研与分析
Imagination of facility space

坐具 ◀◀◀

由于空间位置以及形状的关系，本不是公共座椅的设施被人们当作座椅休息甚至当成床躺在上面。

由于座椅设计的高度问题，人们常常坐到了公共座椅的靠背上，而脚则搁在了座位上。

公共座椅成了垃圾的归宿

商业街公共座椅分布

由于商业街的公共座椅比较宽敞，所以人们会躺在上面，占据他人休息的位置。

在商业街里，经常有人用购买的物品占据供人们休息的座椅。

A组

《高等艺术设计课程改革实验丛书》
设施空间畅想/学生市场调研与分析

Imagination of facility space

B组 中心花园市场调研分析
▶▶▶ 垃圾箱（桶）

野餐去咯！我们吃的东西还真是多呀~~~~
可是这么多吃剩下的垃圾可怎么办？？
我们已经尽力打包处理了，但是······
塞不下！
垃圾桶的口太小！

公园里丢垃圾经常是成袋成袋地去丢，这么小的口垃圾怎么塞也塞不进，人们不得不把垃圾放在地上。

垃圾投放口太小了，大体积的垃圾堵住了垃圾桶的"嘴巴"，影响后面的人使用！

我们热爱生活，我们喜欢与自然亲密接触，我们喜欢与朋友聚在一起吃饭聊天，可是一些配套环境设施的不健全又让我们头痛不已。
公园聚餐后我们的垃圾放到哪里去？

口虽然大了，可是造型上实在太简陋了。

《高等艺术设计课程改革实验丛书》
设施空间畅想/学生市场调研与分析
Imagination of facility space

坐 具 ◀◀◀

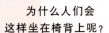

为什么人们会这样坐在椅背上呢？

木制材料的座椅要是有了水就无法坐了。

天气炎热，在日光的照射下，大家不得不离弃公共座椅而选择树阴底下呆着。我们是不是该给公共座椅加把大伞呢？

这样的公共座椅和下面的公共座椅比较起来，从结构和功能来说都有了很大的改进，椅面改成漏空的可以防止灰尘、雨水的堆积，但是由于椅面太平，人们还是会躺在上面睡觉。

坐在烈日下的公共座椅上，人们只好撑起自己的遮阳伞获取片刻的凉意。

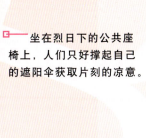

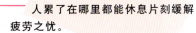

人累了在哪里都能休息片刻缓解疲劳之忧。

B组

53

《高等艺术设计课程改革实验丛书》
设施空间畅想/学生市场调研与分析

Imagination of facility space

▶▶▶ 绿地/坐具

B组

周末带上孩子到公园聚餐，不仅缓解了平时的工作压力，也增强了家庭的和睦性。喜欢自然是人的天性，这里便成了家庭的野餐地。

现在，人们越来越讲究生活的品质，在一段时间内，大家总会安排一定的时间去外面走走，与大自然进行一次亲密的接触。

公园成了都市人的首选去处，公园里的草坪则是大家最钟爱的环境。

在草坪上，有大树相伴，有绿阴的呵护，我们可以在上面尽情的玩耍、野餐、休息……

但是我们看到了却是这样的"景象"……

孩子们喜欢在坐在造型独特的有趣的坐具上，在这样的坐具上孩子们坐得多开心呀！

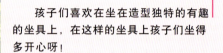

大自然的床铺

树枝？衣架？

"拍张照片作为留念，绿色给我们带来了许多美好的回忆！"如果都这样还会有这么美丽的绿地吗？

《高等艺术设计课程改革实验丛书》
设施空间畅想／学生市场调研与分析

Imagination of facility space

灯具／指示牌／报栏 ◀◀◀

这是动物园的指示系统、形象逼真，简单易懂，起到了很好的指示方向的作用。

报廊没有任何的遮阳避雨的设施，大大影响了人们看报。阳光直射时看不清报纸内容，下雨时，难道要读报人撑着雨伞来看报纸吗？

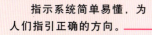

指示系统简单易懂，为人们指引正确的方向。

路灯的造型做得与垃圾筒无太大差别，一眼看去还真是很难分辨。

在公园的路缘石上经常有人坐在上面，所以设计的时候我们可以把路缘石与座椅结合起来。

B组

《高等艺术设计课程改革实验丛书》
设施空间畅想/学生市场调研与分析

Imagination of facility space

▶▶▶ 路面/坡道/台阶

B组

■—— 这个台阶结合了坡道和护拦，适应了不同人们的需求。

■—— 这样的地面造型别致，但是穿高跟鞋的女士、小姐们行走起来就有一定困难了。

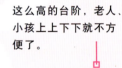

这么高的台阶，老人、小孩上上下下就不方便了。

■—— 这样镂空的地砖对绿草的成长很有益处，但是下雨天容易积水，而且行人走路也不太方便，不过作为停车场倒是个非常好的环境，所以，它用来作停车区域的路面较多。

■—— 大广场的地面用大理石拼和而成，从形态和色彩来说都能达到一个理想的效果，但是由于大理石的特殊光面材质，故在雨天不能防滑，是个需要考虑的问题。

《高等艺术设计课程改革实验丛书》
设施空间畅想/学生市场调研与分析
Imagination of facility space

休闲廊/休闲亭 ◀◀◀

骨架结构的凉亭，虽然继承传统"凉棚"的手法，但也就是个形式意义上的凉亭，没有遮阳避雨的功能。

这样的凉亭造型美观、色彩鲜艳，但是遮阳避雨的空间面积不大，实用性不大。

木制结构的凉亭在外型上更加与具体意义上的凉亭相似，遮阳空间大，下雨的时候可以给让人们避雨。

凉亭内部结构。

B组

C组 大学校园市场调研分析

▶▶▶ 指示系统

如果说校园环境景观及其文化内涵是校园的灵魂，那么建筑创意中的使用功能、空间、风格则应是一种建筑语言的表达，建筑内外空间的渗透、延伸与融合，美感与舒适就是空间塑造的重点。外环境空间的设计包括广场、绿地、铺装、小品、雕塑、花坛、喷泉、流水等，它必须与建筑协调统一，使空间进一步延伸和发展。

两个指示牌同时存在太乱

指示牌方向不明确

路口处缺少指示牌

进门处无方向性指示牌

《高等艺术设计课程改革实验丛书》
设施空间畅想/学生市场调研与分析
Imagination of facility space

停车处 ◀◀◀

在停车棚里没有一个固定的停车架，导致自行车在停放的时候没有次序化、规整化。

在教学大楼前的马路上，我们经常看到接近绿化带的路边停满了同学们的自行车，但是，我们没有在教学区域里看到自行车棚。考虑到节省行走空间和扩大绿地空间，我们考虑在绿化带上安置镂空的砖瓦或者摆放上草坪保护毯，然后运用这块处理过的绿化带来停放自行车。

在这些停车处，都没有一个固定的停车架，所以我们看到自行车不是三三两两的随便停放着，就是东倒西歪的在地上。在适当的地方我们应该完善校园停车棚设施的设计，让同学们的自行车能够整齐划一的放置。

C组

59

《高等艺术设计课程改革实验丛书》
设施空间畅想／学生市场调研与分析
Imagination of facility space

▶▶▶ 照明

环保电池垃圾桶与普通垃圾桶的造型没有很大的差别，很难区分。

- 绿色环保垃圾桶的入口应该这样放吗？
- 环保垃圾桶有不同的颜色，不利于分辨，容易使同学产生混淆的概念。
- 宽口的垃圾桶摆放在寝室门口，合适吗？
- 垃圾桶的外型设计与外面的垃圾桶外型无区别，没有校园文化气息。

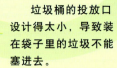

垃圾桶的投放口设计得太小，导致装在袋子里的垃圾不能塞进去。

大口的垃圾桶在丢垃圾的时候给我们提供了很大的方便，无论你是在骑车还是在离它较远的一个地方我们都能轻而易举地把垃圾丢到里面去。

C组

《高等艺术设计课程改革实验丛书》
设施空间畅想/学生市场调研与分析
Imagination of facility space

照明

在校园的紫藤花园里，满目皆绿，令人心旷神怡。但是当晚自习归来时我们走到那里，发现四周一片漆黑，照明在这里存在着很大的问题。我们要加强夜晚灯光照明的设计，使夜晚的紫藤花园像白天一样绿意盎然。

校园绿化地带的庭院灯在造型上和垃圾桶没有很大的区别，不易辨认。

在自动取款机以及公用电话亭的地方没有考虑照明设计，这对同学打电话时的拨号造成一定的困难；同学们取款的时候也很难核对金额。

学校的体育活动区域、教学楼前的路上都没有路灯，使同学们晚上上课、回来很不方便。

C 组

《高等艺术设计课程改革实验丛书》
设施空间畅想/学生市场调研与分析

Imagination of facility space

D组 住宅小区市场调研分析

▶▶▶ 健身/休闲/娱乐

住宅小区的活动游戏区域一直是深得老人和儿童喜爱的场所，也是住宅小区内不可缺少的一部分。但是，因为有各种问题存在，所以对于小区活动区域的设施我们需要不断地调整和完善。

既然是小区的活动中心，那么也是爱玩孩子的天堂了，可是我们的设计是不是高了点？大了点？笨重了点呢？小朋友想驾御它们还真是要费点劲。

我们走访了一些小区，它们的健身设施区域都做得很不错，但是它们同样的也都没有考虑到一个遮阳避雨的设计问题。我们提倡天天锻炼的好习惯，小区的健身区域是我们锻炼的场所，可到了雨天和太阳高照的日子，我们还能在那里锻炼吗？所以有时候我们想，把健身设施搬到大凉棚里去也许是个很好的想法。

小区活动区域的健身配套设施相对不太完善，活动的时候我们厚重的外套应该放在哪里呢？

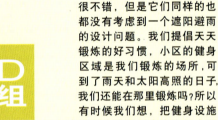

《高等艺术设计课程改革实验丛书》
设施空间畅想/学生市场调研与分析

Imagination of facility space

路面/坡道/停车 ◀◀◀

在现代化的小区设计中,环境设施更讲究的是人性化与健康化,健身娱乐的设施越来越得到重视。像左图这样的健身石子路,我们在每个小区内几乎都能看到。人们总喜欢在清晨和傍晚在上面走上两圈,为自己的脚底做做彻底的按摩。

现在小区的建设都讲究个性化的设计,色彩的选用也体现了一个小区设计的风格。人们现在不但注重了房屋的色彩关系,就连路面也成了他们设计的重点。这样有颜色的地砖拼合而成的地面,是常见的一种表现形式。但在材料的选择上要考虑注意防滑,防水,耐磨等综合性能。

台阶与坡道的结合在小区的设计中就体现了它的人性化,它充分考虑到了轮椅车爬台阶难、自行车上台阶难的问题,是一个很好的人性化设计。

在小区的出入口我们经常能看到一个缓速坡的设施,它充分考虑到小区人口比较密集,车辆行驶的速度不宜太快的因素,是小区设施设计中一个很好的例子。

镂空的地砖地面适合绿色植物的生长,而在小区的设施中它却不便于人们的行走,所以经常被人们作为停车的场地,也是草坪和道路之间的装饰性路面的特色之一。

D组

《高等艺术设计课程改革实验丛书》
设施空间畅想／学生市场调研与分析

Imagination of facility space

▶▶▶ 小区照明

这种小区花园的照明与公园的照明基本上没有什么区别。如何体现小区的个性化设计呢？

小区的照明系统虽然满足了我们对光的需求，但是无论从它摆放的位置来说，还是从它的外貌造型来讲，都缺少了它的特征和文化气息。

1．小区灯具的造型过于统一，休闲区域的灯具与小区的路灯造型一样。而且在两个临近的小区内，仅仅可能因为它们是同一个开发商开发的，它们的照明灯具都是一模一样的。根本没有反映出两个小区之间不同的建筑艺术和文化气息。

2．小区灯具摆放的位置不妥当，树木遮住了灯具发散出的光线。

3．从材质方面来说哪一种材料更适合小区的灯具？坚固的？防腐朽的？防雨防晒的？还是其他的？都需要我们仔细的考虑和探讨。

D组

地下停车处减少了占地位置。

《高等艺术设计课程改革实验丛书》
设施空间畅想/学生市场调研与分析

Imagination of facility space

垃圾箱/休闲廊 ◄◄◄

小区垃圾房的设计充分考虑到了小区生活垃圾多的情况,所以把垃圾房的面积设计得较大,垃圾桶的存储量大,垃圾桶投放口大,就算体积较大的垃圾也能轻而易举地丢入垃圾桶内。小区垃圾房还充分考虑到了清洁卫生的问题,定时定点的开放垃圾房(考虑到人们的生活习惯,所以一般都在早上和傍晚开放),定时的有清洁工人打扫卫生,保证了小区的清洁。

在住宅楼的楼层里,虽然人们很用心地要去维护环境的整洁,放置了垃圾桶,但是由于垃圾桶的容量太小以及垃圾桶的投放口太小,人们往往会把垃圾放在垃圾桶的旁边,反而起到了一个负面作用。

小区的凉亭为了美观性才做成了镂空的结构,它只是从形式上形成了凉亭的一个结构,但是从功能上来说,它完全不能起到遮阳避雨的作用。

小区的大部分休闲廊都是这种结——框架式透空结构。

尽管茂盛的藤蔓遮住了烈日,但还是不能起到避雨的作用。

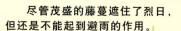

D组

第三周

设施空间畅想
学生草图畅想

《高等艺术设计课程改革实验丛书》
设施空间畅想/学生草图畅想

Imagination of facility space

第三周

第三周　学生草图畅想

主要内容： 环境／设施／草图
根据以上的资料及确定好的主题，进行草图发挥与畅想表现。草图畅想来源于调研的问题，来源于人们的需求与追求理想化的生活。

教学要求： 共四组，每组每人若干张草图。一般直到勾出满意的设计方案时才能提交草图。草图方法不限，只要能读懂、看懂，结构表达清楚，便可达到教学的目的。草图如果不太清楚，可以用文字追加说明。A3大小（A4也可但应裱在A3纸上）。

环境地点： A组商业购物中心（以蓝色页面表示）
B组城市中心花园（以红色页面表示）
C组大学校园（以绿色页面表示）
D组住宅小区（以黄色页面表示）

教学方法： 每一组为单位与老师在教室进行讨论。根据草图找出相关的问题，完成解决后，全班每组进行交流讨论，相互提出问题，相互答辩。全面解决后，再确定草图的完整完善性计划，确定效果图的表现。参考畅想20步。

教学目的： 通过讨论分析与研究培养学生的创意表现方法和设计概念，激发同学们的畅想空间。既有超前设计意识又有满足人们需求的设计理念。

《高等艺术设计课程改革实验丛书》
设施空间畅想/学生草图畅想

Imagination of facility space

A组 商业街购物中心草图畅想

▶▶▶ 垃圾桶

调研分析目前不同的垃圾桶在形式上的不同优缺点，以及人们在扔垃圾时的不同行为。

调研的垃圾桶类型主要是在商业区露天的垃圾桶。

开口朝上方便丢扔，但是不防雨，雨天容易积水。

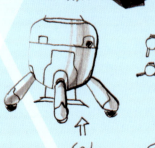
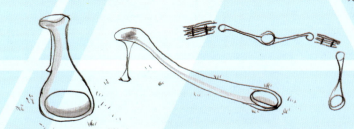

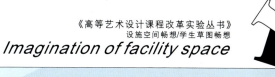

Imagination of facility space

停车棚/停车处构件

问题：

- 折叠车棚由谁来操作？是否有必要？
- 氢气的车棚多长时间更换？
- 停车是否考虑防盗性？什么环境适用？
- 垃圾桶如何解决防水问题？
- 请观察人们如何停放车辆的？（举止动作、时间长短）
- 停车的目的是什么？（逛街、乘车....）

A组

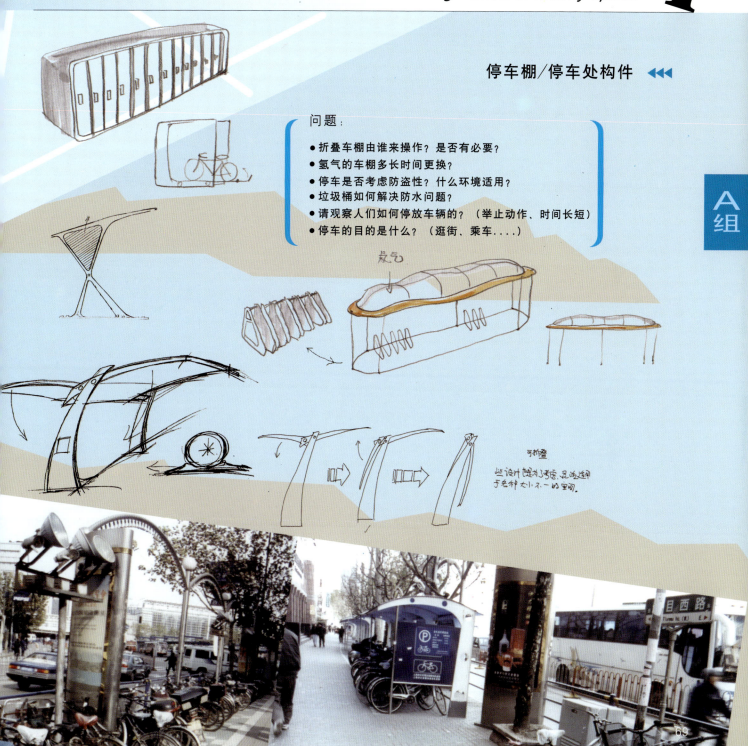

《高等艺术设计课程改革实验丛书》
设施空间畅想/学生草图畅想

Imagination of facility space

▶▶▶ 电话亭

A组

问题：
- 封闭式电话亭是如何解决夏天室内的高温、不通风的问题？
- 是否有人在内休息？避雨？
- 造价如何考虑？
- 观察人们是如何打电话的？（打电话的动作、习惯……）
- 找人机工学的参考资料参考

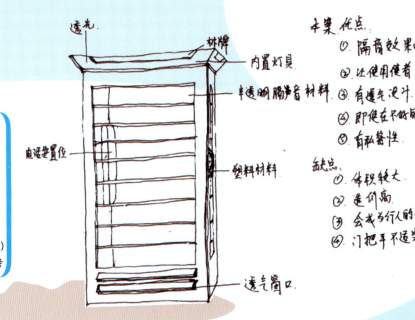

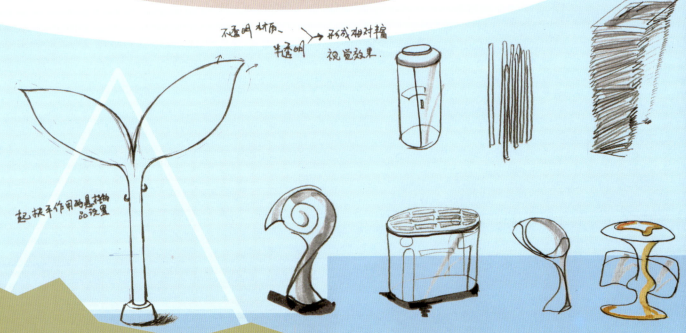

《高等艺术设计课程改革实验丛书》
设施空间畅想/学生草图畅想

Imagination of facility space

▶▶▶ 电话亭

通过调研分析，发现在商业区的电话亭中人机关系上处理得不是很好，大多数电话亭的遮雨功能非常的简陋，另外在一些辅助设施上做得比较欠缺。针对这些因素，我们做了下面的构思。

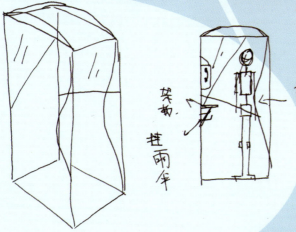

没有摆放东西的设施

遮雨空间大小使得人们操作起来很不方便

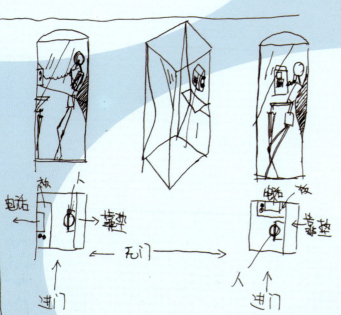

A 组

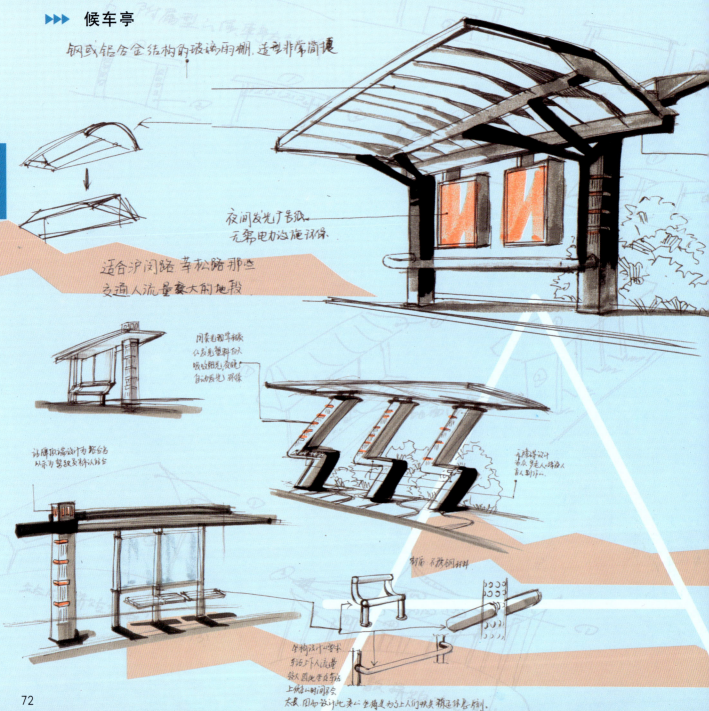

《高等艺术设计课程改革实验丛书》
设施空间畅想/学生草图畅想

Imagination of facility space

候车亭 ◀◀◀

问题：
- 下雨天如何等车？
- 炎热的夏天如何等车？
- 是否需要坐？行李习惯放在哪里？
- 如何解决清洁问题？
- 查阅人机工学资料，了解臀骨的支撑点受力问题，以便解决坐具的形态及受力面积大小的极限……

在 d 距离上，亭失去作用

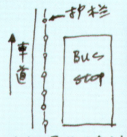

护栏围住了车站

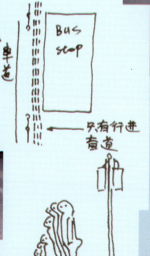

只有行进车道

人们喜欢站在路缘石边上

候车亭凸出，公交车开入凹槽处
不会占用大量机动车道，可减少
交通压力和交通事故。

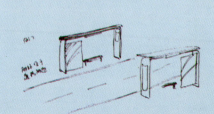

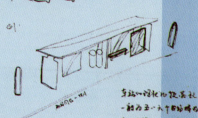

A组

《高等艺术设计课程改革实验丛书》
设施空间畅想／学生草图畅想
Imagination of facility space

B组 城市中心花园草图畅想

▶▶▶ 垃圾桶

问题
- 每天的垃圾种类有多少？
- 哪类的最多？
- 大小容量是否需要具体考虑？
- 为什么要一样大小？

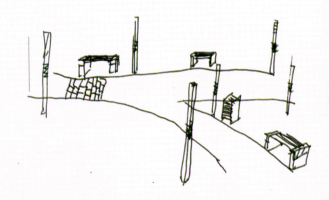

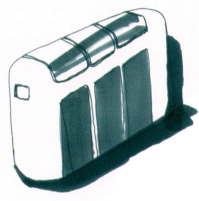

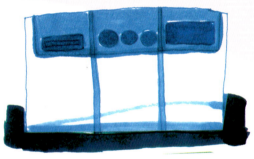

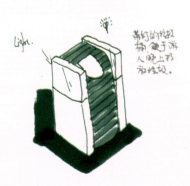

《高等艺术设计课程改革实验丛书》
设施空间畅想/学生草图畅想
Imagination of facility space

坐具 ◀◀◀

问题：
- 活动的椅子，儿童常玩是否有危险？
- 这样的设施是否易损坏？
- 带有照明功能的椅子是否失去了隐私性？
- 通常是什么人、什么时间坐？

夏天，游人在休息时会受到虫之虫的干扰，所以在设计的时候在椅子两侧设置蚊虫之类以解决这问题。

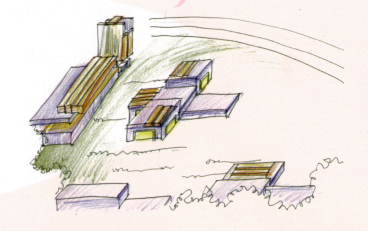

此设计是为了防止游人躺在椅子上睡眠，一不之间有力。

不容易躺
容易躺。

免清洗设计.
上个设计是不用清洗工具清洗的椅子,它储积水,由多东钢片组合而成,不容易粘灰.

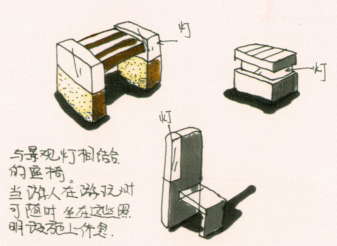

与景观灯相结合的座椅.
当游人在路玩时可随时坐在这些照明设施上休息.

B组

75

《高等艺术设计课程改革实验丛书》
设施空间畅想/学生草图畅想
Imagination of facility space

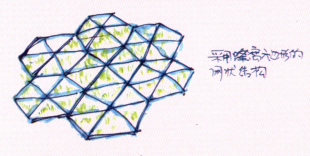

▶▶▶ **草坪保护毯/休闲廊**

问题：
- 设草坪保护毯如何考虑草坪的修剪问题？
- 草坪区域内有没有相关的设施？
- 休闲亭选用透明的材料到了夏天如何遮阳？夏季、冬季有多少人会在这里活动？

B组

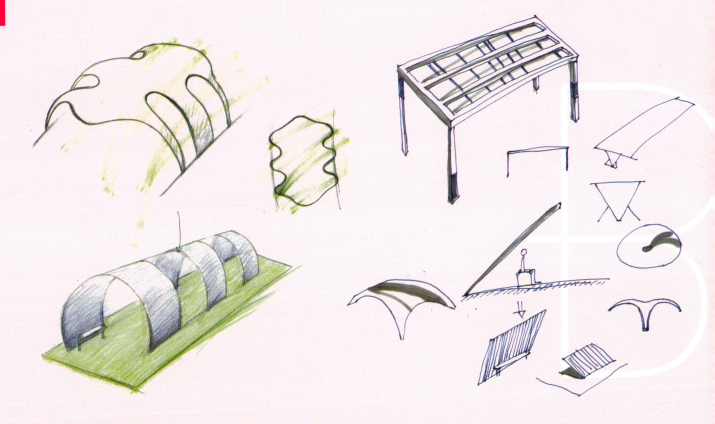

灯具/指南终端 ◀◀◀

问题:
- 是否需要可升降的路灯?
- 指南终端设施放在哪种环境下最为恰当?
- 指南终端是如何考虑残疾人的使用?包括聋哑人和盲人。

B组

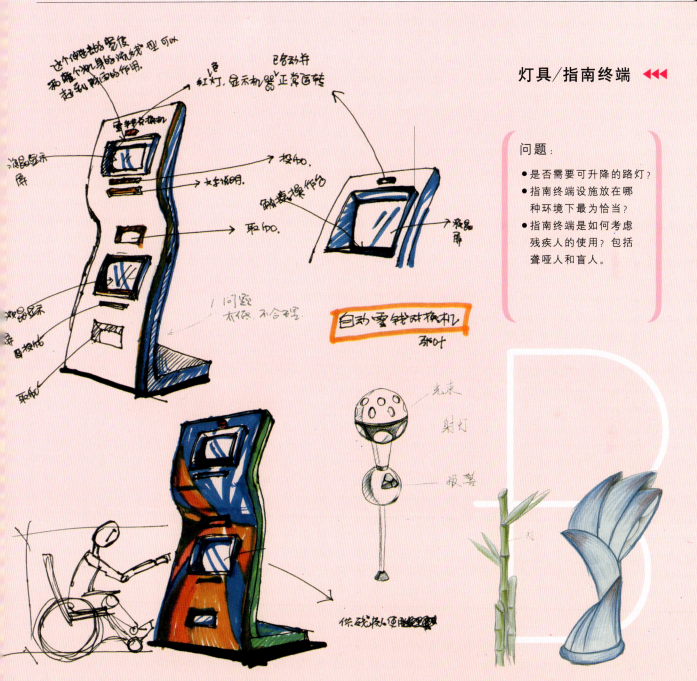

《高等艺术设计课程改革实验丛书》
设施空间畅想/学生草图畅想
Imagination of facility space

C组 大学校园设施草图畅想
▶▶▶ 电话亭

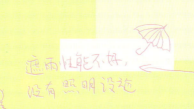
遮雨性能不好，
没有照明设施

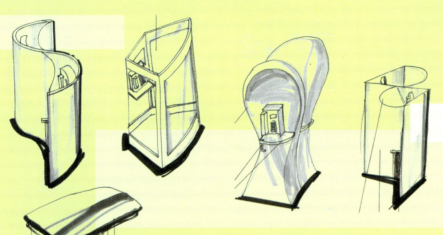

分析 大学生使用电话分析：

1. 电话亭要防雨遮阳。

2. 大学生用电话率较高，所以电话亭不能设计得让使用者太舒适。控制使用时间过长。

3. 附设有照明设施，方便晚上使用。

4. 设有桌凳，可用于写记。

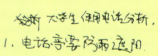

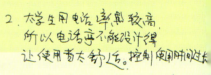

半开放式

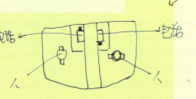

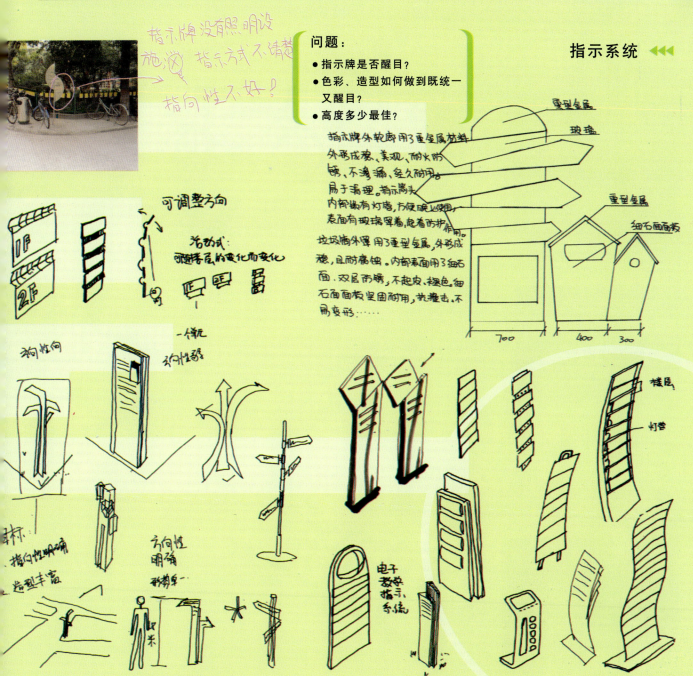

《高等艺术设计课程改革实验丛书》
设施空间畅想/学生草图畅想
Imagination of facility space

▶▶▶ 停车棚

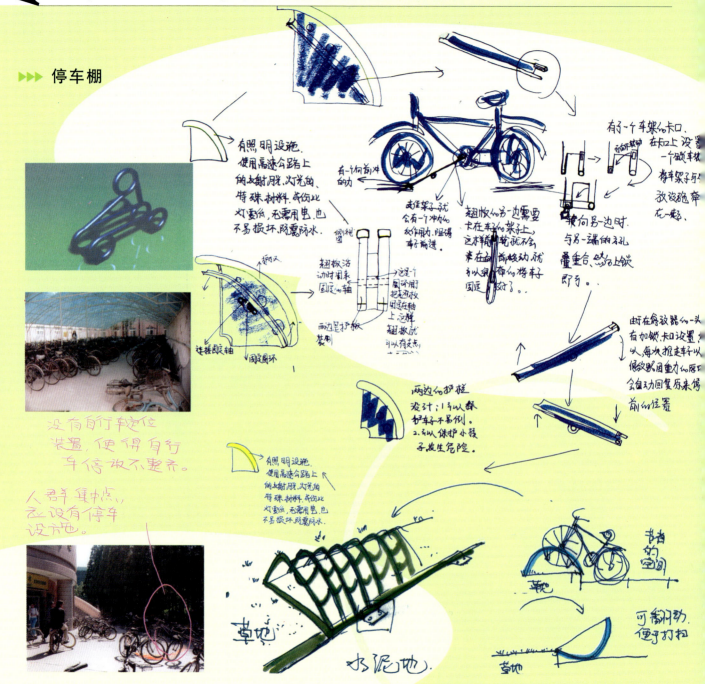

C组

《高等艺术设计课程改革实验丛书》
设施空间畅想/学生草图畅想

Imagination of facility space

垃圾桶/废电池收集桶 ◀◀◀

问题：
- 在停车处，如何快捷地找到自己的车？
- 停车处如何处里可减少占地面积？
- 投垃圾的人如何投放？
- 以什么样的行为投放垃圾？
- 垃圾桶的功能如何区分？

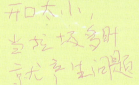

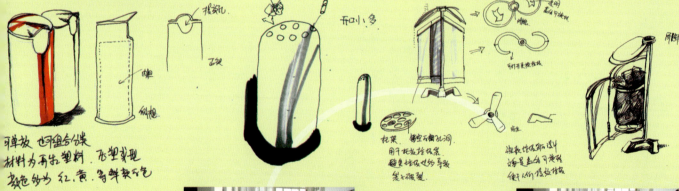

C组

《高等艺术设计课程改革实验丛书》
设施空间畅想/学生草图畅想

Imagination of facility space

D组 住宅小区环境设施草图畅想

▶▶▶ 灯具/休闲亭/坐具

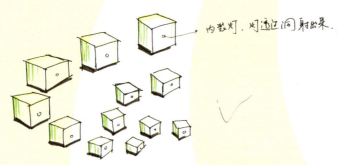

问题：
- 为什么在小区的坐具设计中，运用"广场景观"的坐具设计表现呢？
- 此设计是如何表现你的畅想？
- 南方一年四季差别有多大？
- 这样的坐具使用率多高？
- 强阳光和雨水如何考虑的？

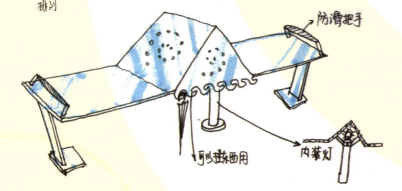

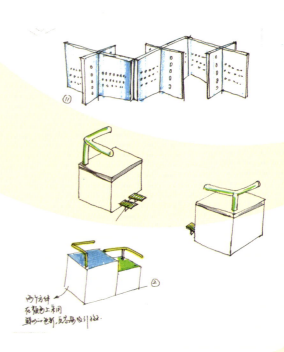

问题：
- 儿童喜欢攀爬的行为在小区的坐具设计中是如何考虑的？
- 坐具设计中和灯具结合是否考虑到眩光问题？何时打开光源？何时坐下休息。
- 用什么照明的方法表现这样的构想最为恰当？

《高等艺术设计课程改革实验丛书》
设施空间畅想/学生草图畅想

Imagination of facility space

▶▶▶ 坐具/休闲廊

在小区内活动的大多为老年人，所以在设计座椅的时候应该考虑到不但让座椅起到休息的作用，还要让座椅起到健身的作用，这样做可以很好地利用小区空间。设计主要针对的人群是小孩及中老年人，所以设施的安全性也是相当重要的考虑因素之一。

注意的问题：

小区与公园的座椅功能有差异。在小区内活动的以老人、孩子为主，还有工余休息散步的人。因人们活动的时间段不同，时间长短也不同。所以从早到晚小区内都会有人活动。而公园内的人群活动目的明确，所用时间长而规整。设计时需要考虑到人对环境空间的利用情况。

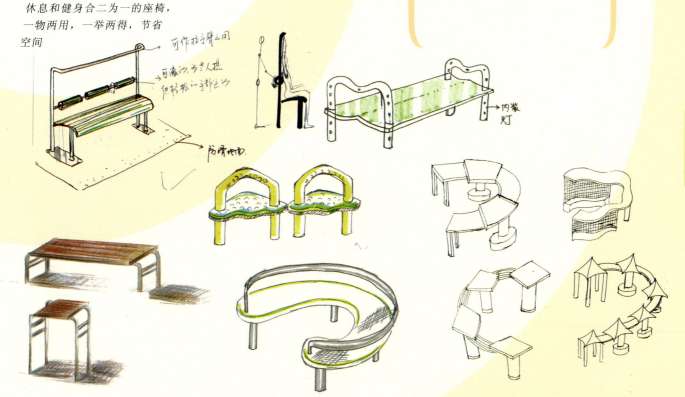

休息和健身合二为一的座椅，一物两用，一举两得，节省空间

D组

Imagination of facility space

《高等艺术设计课程改革实验丛书》
设施空间畅想/学生草图畅想

▶▶▶ **坐具/灯具**

问题：
- 亮度如何定位？
- 照明作用是什么？

答案：
- lx（最小值）为准确发现障碍物所需的最低值。
  5lx（平均值）易于确定方位、安全行走
  20lx（平均值）可认清人的面部特征。
- 照明作用是便于辨别方向、安全行走、识别来往人员、增强环境的美感，并有助于减少犯罪率，增强人心理上的安全感。

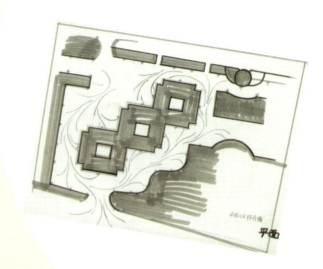

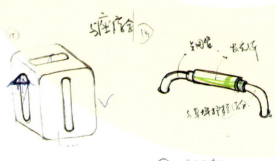

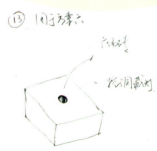

D组

《高等艺术设计课程改革实验丛书》
设施空间畅想/学生草图畅想
Imagination of facility space

垃圾桶/垃圾箱 ◀◀◀

小区的垃圾桶及其周围有些比较肮脏,其主要原因是垃圾太多,没有及时处理。所以在设计小区的垃圾桶时,功能因素是最重要的,垃圾桶的容量和其周围区域应该着重考虑。本方案考虑把垃圾桶设计在地下,这样可以保持地面的整洁,并且可以增大容量。

问题:
- 小区每天有多少垃圾投放?
- 需要多少数量、容量的垃圾桶?多大的垃圾站?
- 垃圾种类有多少?
- 是否需要考虑分类?

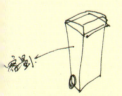
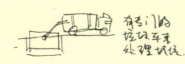
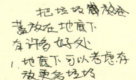

D组

第四周

设施空间畅想
设计分析定案

《高等艺术设计课程改革实验丛书》
设施空间畅想/设计分析定案

Imagination of facility space

第四周

第四周　设计分析定案

主要内容：草图／材料／人机工程学
　　　　　　根据上周的草图，进行定案分析。包括对材料的选用、人机工学的运用、大小尺度及环境空间等，综合分析，完成实际构想，确定完整的设计方案，确定效果图制作。

教学要求：共四组，每组在上周的草图中选择理想的设计方案，进行综合设计，包括考虑几个人的风格如何统一，环境与设施的统一，环境与材料及价值的统一。确定一组统一风格的完整草图，每人完成一件有色彩表示完整性的草图作品。

教学方法：在教室里与老师共同讨论。每组将最后的草图展示出来，以模拟招标的形式进行解说。全体同学可以提出问题，被提问方进行解答。最终定案效果图制作内容。

教学目的：通过模拟实际课题的方法，培养学生的综合表现能力，使学生能适应各种实际课题设计的操作方法，从而适应社会的需求。

87

《高等艺术设计课程改革实验丛书》
设施空间畅想/设计分析定案

Imagination of facility space

A组 商业街购物中心草图定案

▶▶▶ **垃圾桶**

　　此设计主要解决了垃圾桶开口方向与防水问题。开口方向朝上，使用比较方便，但容易进水，所以在开口处设计了一个滤水装置，使水可排出。这样一来，既方便使用，同时又能防水，一举两得。

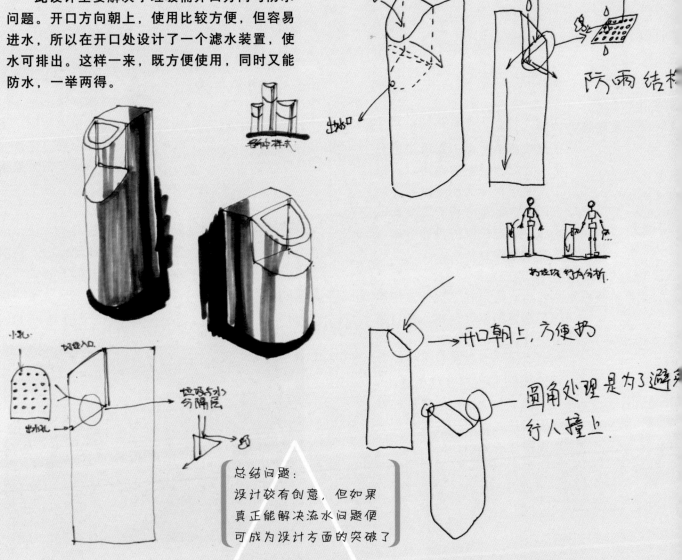

总结问题：
设计较有创意，但如果真正能解决流水问题便可成为设计方面的突破了

停车棚/停车处构件 ◀◀◀

可折叠的车棚，在不用的时候可以完全闭合，安装和运输都很方便。在空间比较小的场所，可以打开一边的顶棚，在空间较大的场所，两边都可以打开。车棚底座下有两条梯形横条起固定作用，方便更换车棚停放地点。

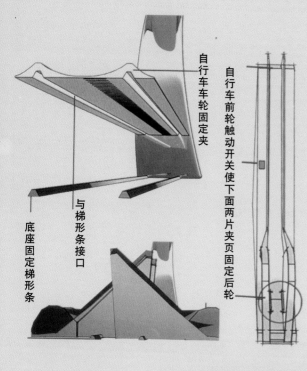

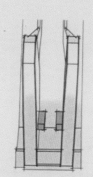

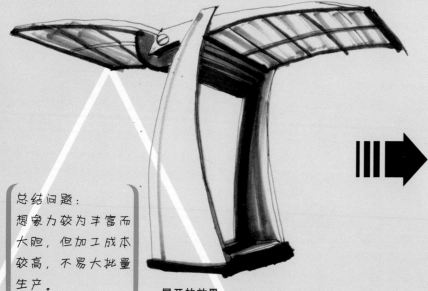

展开的效果

折叠后的效果

总结问题：
想象力较为丰富而大胆，但加工成本较高，不易大批量生产。

A组

《高等艺术设计课程改革实验丛书》
设施空间畅想/设计分析定案
Imagination of facility space

A 组

▶▶▶ 电话亭

此电话亭的外形源自对花瓣的联想,在钢筋混凝土时代给人一种清新的感觉。同时,电话亭的基本配件如圆柱的杆和弧状的外壳等也适宜模具开发批量化生产。可旋转的外壳易与外界自由沟通。

总结问题:
启发性的创意,丰富了设计内容,如果能解决工艺问题,将是个好设计。

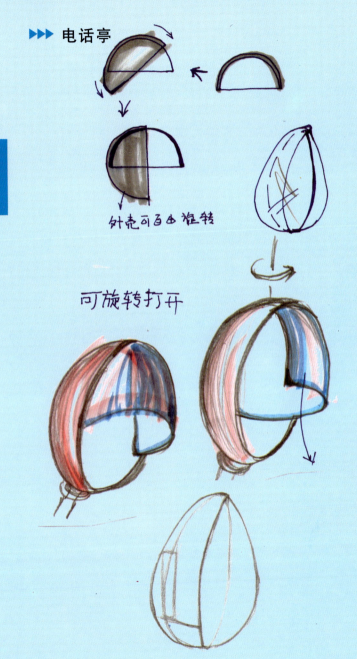

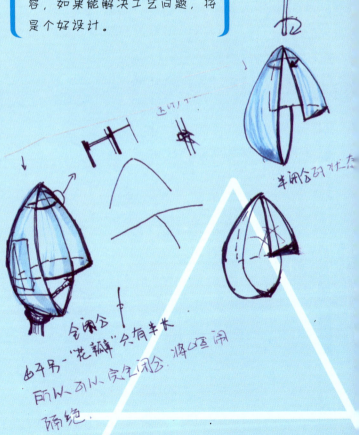

《高等艺术设计课程改革实验丛书》
设施空间畅想/设计分析定案

Imagination of facility space

候车亭 ◀◀◀

构件组合式的候车亭。由几个基本组合元件相互搭接，可以搭建出不同的候车亭来适合不同的环境需求，灵活多变是这个设计的主要特点。另外，这样的设计也给运输带来极大的方便。在安装上更是如同儿童搭积木一样容易、便捷。

A组

总结问题：
根据发现问题而设计是个好的设计方法，如果在加强造型形态的设计就更加完美了。

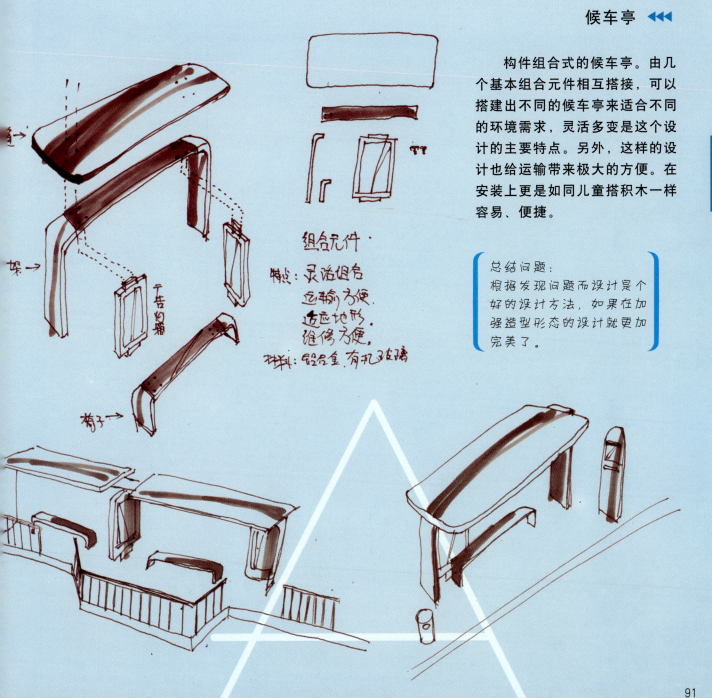

B组 城市中心花园草图定案

▶▶▶ 坐具/垃圾桶/草坪保护毯

- 坐具作为环境设施中的一部分，设计时应充分考虑其与周围环境及其他设施的关系。
- 条状的椅面设计，使座椅不易积水积灰。
- 两侧的花坛种植驱赶蚊虫的花草，既美观又减少了蚊虫给人们带来的烦恼。
  双向使用的设计，是从心理的角度满足游人，人们
- 可以面对面地休息、聊天，增加了使用的乐趣。

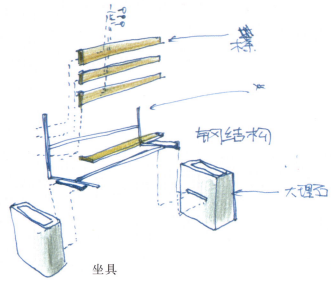

坐具

总结问题：
座椅，"地毯"的创意很好，如果工艺方面能够实现，将是个很好的设计。

蜂窝状六边形结构的网状保护毯可以很好地保护草根，人们可以放心大胆地在上面玩耍，不用担心草坪被破坏。

在垃圾桶上种上花草，在外面贴上木条，这样设计是为了让垃圾桶更贴近自然，更显得干净卫生。

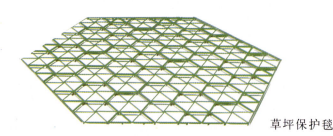

草坪保护毯

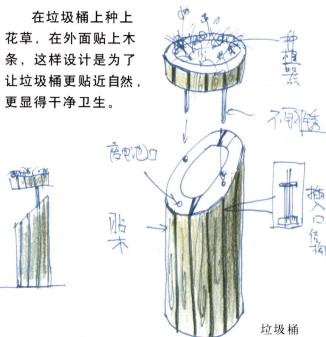

垃圾桶

《高等艺术设计课程改革实验丛书》
设施空间畅想/设计分析定案
Imagination of facility space

灯具/休闲廊 ◀◀◀

书报栏设计图：
- 整体选用透明材料，既分隔了空间又不阻隔视线，使人没有压抑感，使用时更加舒适。
- 美观的弧形设计使顶部和侧壁连成一体，同时解决了烈日和雨水带来的不便，方便人阅读。
- 内设简易的靠椅，减少了人们站立阅读的疲劳，但又与座椅有区别，使人不会过久使用，保证了报栏服务于大众的公共性。

书报栏设计图

B 组

可调节式路灯：
- 在造型和用材上，努力做到与周围环境及其他设施之间的和谐统一。
- 考虑到公园路灯昼夜使用情况，路灯的造型更趋向装饰性、雕塑性。
- 在原有照明功能上，增加报警功能，可快速地解决公园内的危险事件或突发事件。

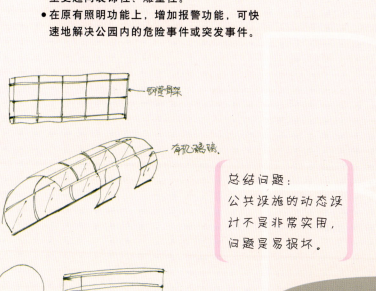

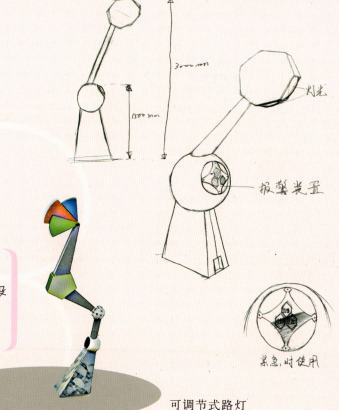

总结问题：
公共设施的动态设计不是非常实用，问题是易损坏。

可调节式路灯

《高等艺术设计课程改革实验丛书》
设施空间畅想/设计分析定案
Imagination of facility space

C组 大学校园设施草图定案

电话亭/指示系统 ◀◀◀

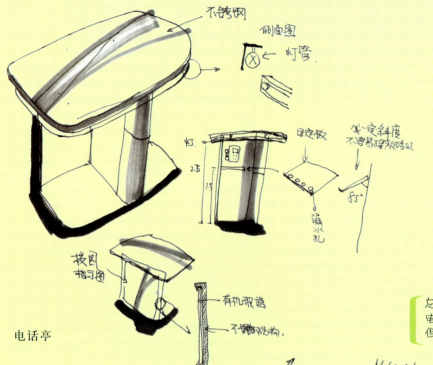

电话亭

从功能来说，电话亭设计，要考虑到挡风遮阳的性能，人们站立打电话时的舒适性。在电话亭放置了一块专供人们放物品及写字用的搁板，尽可能地让人们轻松打电话、记录电话内容。

> **总结问题：**
> 电话亭与指示系统结合非常实用，但防晒的问题还没有完全解决。

可更换内容的指示系统，材料主要采用不锈钢。造型通过两个几何体组合而成，整体感觉醒目而又简单。

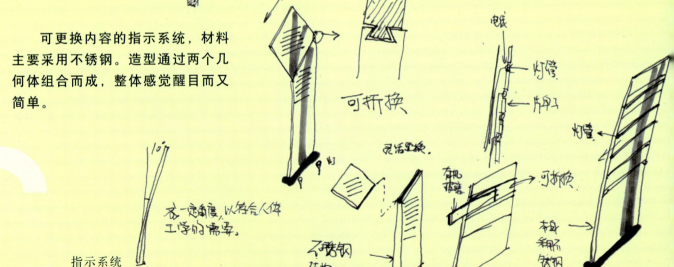

指示系统

《高等艺术设计课程改革实验丛书》
设施空间畅想/设计分析定案
Imagination of facility space

停车架/废电池收集桶 ◂◂◂

为了节省路面空间，我们采用了将自行车一半架空在草地上的设计构思。在沿路边的草地上，设计一种可以翻动的自行车架，翻动是为了能更加轻松打扫车架下的垃圾。

设计废电池收集桶要考虑的根本问题，就是如何彻底隔绝其他垃圾的投入，其中的难点就是如何隔绝烟头等一些小型垃圾。另外要在外观上与其他小型垃圾桶区分开。

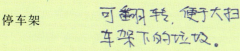

停车架

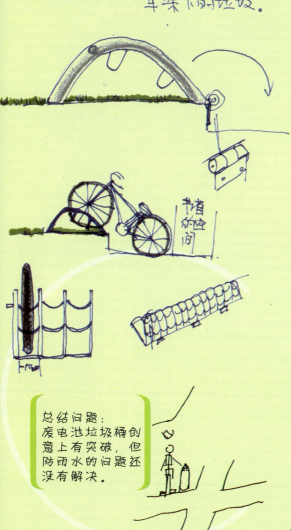

总结问题：
废电池垃圾桶创意上有突破，但防雨水的问题还没有解决。

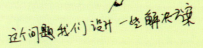

废电池收集桶草图设计

废电池收集桶

C组

D组 住宅小区环境设施设计分析定案

▶▶▶ **坐具**

座椅位于小区中心绿地的中央，即居民的主要休息场所中。人们在自己的居室内向外眺望时，可以看到座椅的分布，呈三条旋转的渐变线条。每个座椅的两侧都有镂空的图形，以星形为基本形进行图形渐变，它内部装有灯。到了晚上，灯光透过内部的磨砂玻璃射出淡绿淡黄的光，并呈现出星形，使夜晚的中心绿地更加迷人。

问题总结：
灯具与坐具结合是较有创意的设计，但在小区里运用，是否考虑日照雨淋会有人去坐吗？

《高等艺术设计课程改革实验丛书》
设施空间畅想/设计分析定案
Imagination of facility space

▶▶▶ 休闲廊

本设计主要材料以木材为主，蓝色的有机玻璃为辅助材料。休闲廊的地面设计成错落有致的阶梯状，使休闲廊更富有层次感。设计成半封闭的休闲廊可以挡风遮雨，方便居民休息。

问题：
- 用蓝色有机玻璃材料，可以用于遮雨，但遮阳性是如何考虑的？
- 南方天热的时间较长，阳光非常强烈，这又是如何考虑的？

答案：
可以利用种植攀爬的藤草达到遮阳的作用。而且从下往上能观察到藤草的生长形态，有自然亲切感。

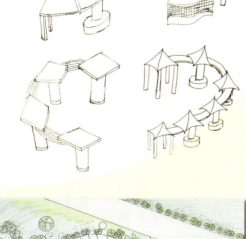

问题总结：
休闲廊顶部清洁时有些困难。
这么大的小区，此休闲廊显得小了点。

D组

休闲廊设立在住宅小区内，根据它原有的圆形环道，把休闲廊设计成半圆形的，这样不仅可以方便行人行走而且也方便休息。

第五周

设施空间畅想
人机工学简析与效果图表现

《高等艺术设计课程改革实验丛书》
设施空间畅想/人机工学简析与效果图表现
Imagination of facility space

第五周

第五周　人机工学简析与效果图表现

主要内容：人机工学／效果图／评述
在上两周的设计草图基础上，综合分析定案后进行效果图制作。
教学要求：共4组，每组每人一张电脑三维效果图，每组1～3张全景现实环境空间效果图。

环境地点：A 组商业购物中心（以蓝色页面表示）
B 组城市中心花园（以红色页面表示）
C 组大学校园（以绿色页面表示）
D 组住宅小区（以黄色页面表示）

教学方法：这一周需要在电脑上完成效果图，因此，要在电脑教室完成作业。每人的设计方案要求3D建模并渲染出来。每组要求将全组人员的设计方案放到现实环境的图片上，这种方法可以虚拟出现实中的设施效果。

教学目的：通过这次课程的学习，使学生更加了解从设计草图到效果图完成的发展全过程是个不断改进与充实的过程，完成一张好的效果图是需要综合性技巧基础才能表现和达到教学要求。效果图是视觉传达最直接的一种表达形式，也是最终的表现方法。效果图的好坏直接影响着设计方案的效果，因此，最终的效果图展示是非常重要的。

日本迪斯尼乐园一角

《高等艺术设计课程改革实验丛书》
设施空间畅想/人机工学简析与效果图表现

Imagination of facility space

A组 商业街人机工学简析

▶▶▶ 座椅/护栏/指示牌

如果候车亭座椅平坦且面积大，乘客可能会将包裹等物置之于上，给其他乘客带来不便。相对于普通座椅的舒适性，候车亭的座椅设计应主要考虑人身躯的稳定性，即只需提供舒适的凭靠点即可。

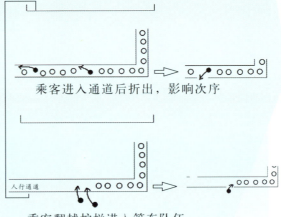

乘客进入通道后折出，影响次序

乘客翻越护栏进入等车队伍

由于乘车通道过长，所以会出现类似这些现象，在重新设计的时候，我们将长长的通道打断，加入一成人肩宽的定点出入口，以较好地解决这些问题。

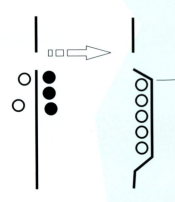

针对乘客喜欢在站台外张望的现象，将站台中间一段护栏部分突出，在满足乘客心理需求的同时，最大程度的保证他们的安全。

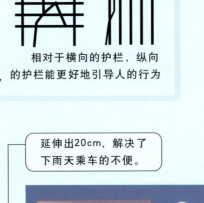

相对于横向的护栏，纵向的护栏能更好地引导人的行为

护栏放大

延伸出20cm，解决了下雨天乘车的不便。

比起目前使用的平面指示牌，三面指示牌可以方便多视角地获取信息

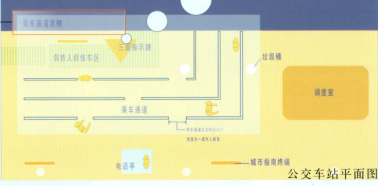

公交车站平面图

《高等艺术设计课程改革实验丛书》
设施空间畅想/人机工学简析与效果图表现

Imagination of facility space

设计：陈永飞、崔炯杰、林真、马凯、许辉、王翰

A组

商业街效果图

▶▶▶ 候车亭/垃圾桶

商业街一般都位于城市繁华地段，是城市发展程度的缩影，它同时也是一个城市的对外窗口，从某种程度上说，商业街代表着一个城市的形象。

垃圾桶、候车亭环境效果图

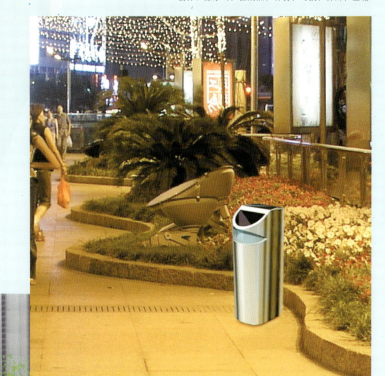

垃圾桶实际效果

分类垃圾桶效果图

101

《高等艺术设计课程改革实验丛书》
设施空间畅想/人机工学简析与效果图表现
Imagination of facility space

▶▶▶ 候车亭/灯具/指示牌

灯具在现实环境中的效果

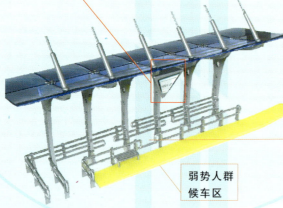

三面显示的信息牌
方便及时掌握信息

一人宽的间隙，解决
乘客中途退出的困难

弱势人群
候车区

候车亭效果图

《高等艺术设计课程改革实验丛书》
设施空间畅想/人机工学简析与效果图表现
Imagination of facility space

电话亭/灯具/指示牌 ◀◀◀

插卡口移到听筒下，减少了忘记拔卡的可能

组合式外罩可旋转

A组

照明装置上安装指示牌，在商业街环境中还可作为灯箱广告载体使用

电话亭在实际环境中的效果

103

《高等艺术设计课程改革实验丛书》
设施空间畅想/人机工学简析与效果图表现
Imagination of facility space

▶▶▶ 候车亭

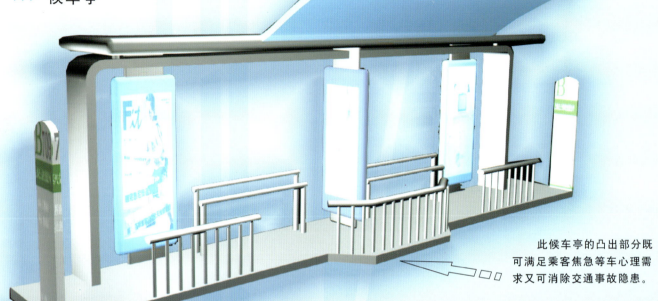

此候车亭的凸出部分既可满足乘客焦急等车心理需求又可消除交通事故隐患。

候车亭效果图

由垂直钢管组合的护栏比起以往的横向排列的护栏，安全性能更高。由两根钢管组合的座椅，只是给乘客提供一个暂时的凭靠，和平坦的座椅比较，避免了一人占据多个座位的尴尬。候车亭延伸出的顶棚解决了下雨天乘客上车的不便。

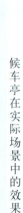

候车亭在实际场景中的效果

《高等艺术设计课程改革实验丛书》
设施空间畅想/人机工学简析与效果图表现
Imagination of facility space

自行车停车棚

A 组

停放方式：将车身竖立，与原来相比可节约占地20～30cm

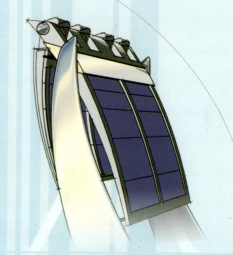

可活动、折叠的带雨棚车棚，适用于多种环境

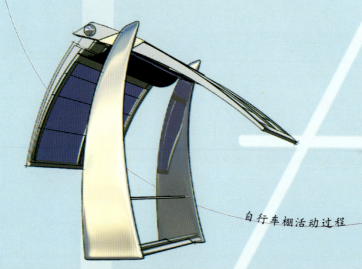

自行车棚活动过程

《高等艺术设计课程改革实验丛书》
设施空间畅想/人机工学简析与效果图表现
Imagination of facility space

B组 中心花园人机工学简析

▶▶▶ 照明

在绿地公园中,照明设施不仅仅起到普通照明的作用,同时也是烘托公园氛围的一个重要因素。绿地公园中的照明与小区、马路边的照明有很大的区别,例如在照明亮度上、在视野上等都有很大的不同。马路边一般都是高杆路灯,照明亮度大,且一般都是白色或黄色光源;小区则是高杆路灯、透射灯、壁灯、草坪灯和地灯组合使用,光源也相对单一。而公园的照明主光源虽然也是高杆路灯,但是与小区的有很大区别,例如在灯光亮度、灯光颜色方面以及灯具的平均分布距离等等。绿地公园照明中一部分作草坪灯使用。草坪灯一般都是绿色光源。光源的选择是根据人眼对不同颜色的视野来决定的。右图显示了人眼对不同颜色的最大与最佳视野。

人眼的视觉颜色过渡:例如在红绿色之间的过渡,由于红绿色的对比过于强烈,所以在二者之间加上黄色的过渡。红绿灯的灯光安排也是充分考虑到这一点。(国际上的灯光色彩:红色——警告、黄色——危险、绿色——正常)

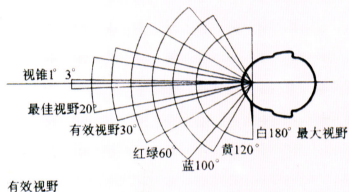

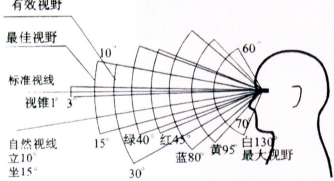

注意的问题:
1. 查阅人机工学资料,了解人的视觉原理。
2. 注意照明的基本知识。

《高等艺术设计课程改革实验丛书》
设施空间畅想/人机工学简析与效果图表现

Imagination of facility space

照明

公园照明与住宅小区照明的另外一个很大的区别在于——公园的照明可能更多的与指示系统结合使用，既可以节约资源，又可以解决夜晚指示系统的照明问题。另外，相对于商业街等信息繁华地段，公园绿地的信息化很不到位，而且在绿树掩映之下，其安全性能很差，因此可以将一些常用的急救、报警电话例如112、119等与照明设施结合。

公园指示牌
- 路标指示牌以雕塑形式出现
- 可达到美观实用的双重效果

连接骨架
运用包橡皮的铅锤结构，由不锈钢、硬性塑料材料构成灯的连接移动构件

照明主灯
灯光直射地面，给与最大的光源

泛光灯
同时配有110、120、119等报警设施开关

底座
可随意拆卸移动，便于公园路灯的调整

B组

类 型	光通量分布（%）		特　征
	上半球	下半球	
直接型	0~10	100~90	光线集中，工作面上可获得充分照度
半直接型	10~40	90~60	光线能集中在工作面上，空间也有适当照度。眩光较直接型弱
慢射型	40~60	60~40	空间各个方向光的强度基本一致，可以无眩光
半间接型	60~90	40~10	增加了反射光的作用，使光线比较均匀柔和
间接型	90~100	10~0	扩散性好，光线柔和均匀，避免了眩光，但光的利用率低

五种形式灯具的特性比较

《高等艺术设计课程改革实验丛书》
设施空间畅想/人机工学简析与效果图表现

Imagination of facility space

设计：高立阳、郭甜、刘莹、薛峰、张叶、朱佐勇

B组

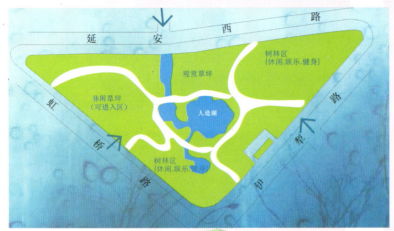

城市中心花园效果图
草坪保护毯 ◀◀◀

对于城市中心花园环境的再设计，我们结合了生态学、人机工学，例如大弧面书报栏，又如结合到与照明装置上的紧急报警设施。

在再设计的过程中，我们更多考虑到人的因素。例如座椅的设计，我们分析了人的行为、心理，将座椅设计为可以转换方向的形式，最大程度地满足人们交流的心理需求。

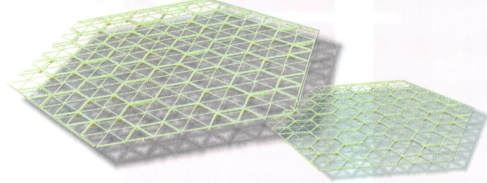

此装置可以保护草的根基，可以使游人在草地上自由行走、玩耍、野餐等，满足人们贴近自然的心理需求。

保护草坪的透空金属毯

《高等艺术设计课程改革实验丛书》
设施空间畅想/人机工学简析与效果图表现
Imagination of facility space

座椅 ◀◀◀

B组

座椅效果图

可以种植驱蚊草,既
美化环境又有实用效果

可调节靠背方向的座椅
使人们更加自由地交流

《高等艺术设计课程改革实验丛书》
设施空间畅想/人机工学简析与效果图表现
Imagination of facility space

▶▶▶ **灯具/垃圾桶**

B 组

与110、120、119等报警设施相结合

顶部种植器在种植花草美化环境的时候也起到挡雨的作用

斜面更方便垃圾的投放

环保的废电池回收口，口小可以防止其他种类垃圾的投放

垃圾桶效果图

灯具环境效果

《高等艺术设计课程改革实验丛书》
设施空间畅想/人机工学简析与效果图表现
Imagination of facility space

休闲亭/书报栏 ◀◀◀

B组

效果图

书报栏整体采用圆滑弧度，和人更加贴切

书报栏效果图

局部效果图

111

《高等艺术设计课程改革实验丛书》
设施空间畅想/人机工学简析与效果图表现
Imagination of facility space

C组 大学校园人机工学简析

▶▶▶ 电话亭

目前使用的电话亭设施太简易，无法满足户外使用挡风遮雨、阻隔噪 的要求。同时电话机也几乎相当于完全暴露，没得到有效的保护。

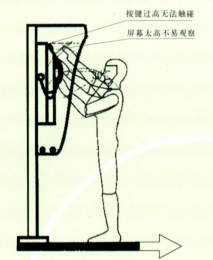

避进雨棚也不能完全挡雨，反而使视距太近不便于拨号

撑伞不便拨号

目前我国公共电话亭的投币高度大多为170～180cm左右，拨号区与显示区多155～175cm左右，这种高度就中国人的人体结构而言是不合理的，特别不便于身材偏矮的人使用。应同时兼顾高矮、老幼、残障人士等需要使用的人群。右图是我国男女平均身高的人机尺度分析图。

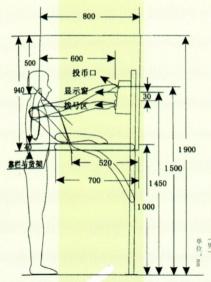

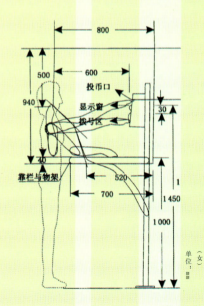

《高等艺术设计课程改革实验丛书》
设施空间畅想/人机工学简析与效果图表现

Imagination of facility space

电话亭 ◂◂◂

每个国家都有一定的残障群体。在我国，残障人人口数量约占我国总人口的5%。6000万上下的残疾人，我们应为他们创造适宜的生活、工作条件，特别是工作环境。

以公用电话亭为例，在电话亭的标志中，必须加入凸出的有盲文特征的标志。安装时标志中心距地面60"(1525mm)。标志下面应配有0.625"～2"(16～50mm)高的字母并突出0.031"(0.79mm)以满足使用者的要求。而公用电话的高度、宽度、话机挂设位置、信息记录台，都应有别于一般设计。右图是我国某一城市的公用电话亭残疾人使用分析。

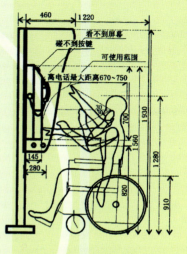

电话亭高度不适合残疾人

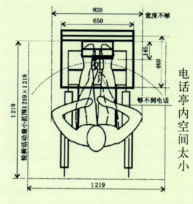

电话亭内空间太小

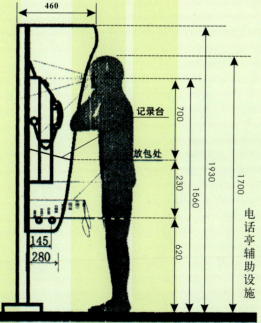

电话亭辅助设施

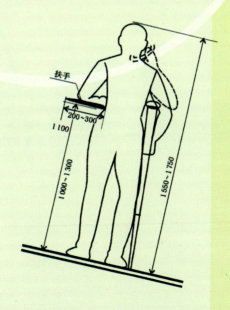

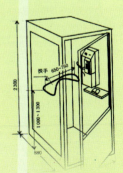

电话亭内设扶手，为伤残人士提供方便

C组

113

《高等艺术设计课程改革实验丛书》
设施空间畅想/人机工学简析与效果图表现

Imagination of facility space

设计：杨玉佳、张爽、张婷、郑赛赛

大学校园效果图

▶▶▶ 电话亭/指示牌

对学校环境设施的设计，我们主要是进行完善加工。例如教学楼前的自行车停放问题，考虑到大都是临时停放，且更换频率高，另外教学楼前的空间有限，不可能建一个很完整的停车设施，综上考虑，我们提出了自行车架的方案。

C组

电话亭效果图

校园活动信息指示牌

活动指示牌整体形象简洁，考虑到其特殊性（更换信息频繁），将其定位为可拆卸更换、方便实用

《高等艺术设计课程改革实验丛书》
设施空间畅想/人机工学简析与效果图表现
Imagination of facility space

垃圾桶/自行车架 ◀◀◀

特殊的投放口可以避免其他类垃圾的投放

废电池回收装置

可以180°翻转，便于垃圾的清理

和以前自行车占地面积相比，新装置可节约一半的空间

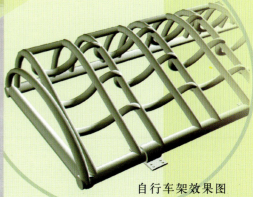

自行车架效果图

C组

D组 住宅小区人机工学简析

▶▶▶ 座椅

小区座椅与公园、广场座椅同属室外座椅，但是它们存在很大的不同，例如小区的座椅可能更多的是给街坊邻居提供一个交流的空间，而公园的座椅则是面向社会，给大众提供一个自然的环境，一个陶冶心情、放松自我的环境。广场的座椅不仅仅只是座椅，可能会更多地与指示信息相结合（例如抛光石的座椅上附有地图简介）。相对于公园座椅的私密性以及广场座椅的多功能化，小区的座椅更加注重人与人之间的交流。由于小区座椅的这种特性，使得座椅在排列上可以变化多样，为小区环境丰富起到点缀作用。

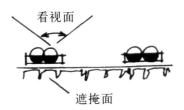

有依靠之边界

相对独立的边界领域

私密领域

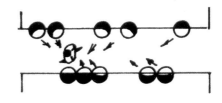

在人行夹道中穿越

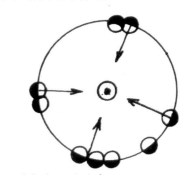

暴露在众目睽睽中

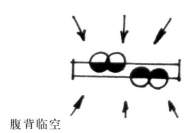

腹背临空

人居留时的背向关系

人是有文化的社会性动物，表现在一切行为习惯和行为取向上都离不开社会文化这一轨迹。无论是独自一人的个体行为或公共交往的社会行为，都具有以社会为背景的私密性、公共性的双重性。人的个体活动以社会安定、环境安全为前提，当人处于公共活动空间内，多会背靠依托，力求既要自我隐蔽，又要视野开阔。公园设计提倡环境要舒适、自然、温馨，即所谓的隐密性设计。

座椅

座椅的材料选择——一般用天然石料、人工石料、木料、钢筋混凝土。面层用水磨石、木材、鲜艳的塑料和玻璃钢等制成。用铸铁做支架。

经查资料：台湾三晃股份有限公司推出了"人造大理石"。这种材料具有产量不受限制、美观、易加工、不易受污染、可做弯曲变化、成本低等特点，可有效解决使用天然大理石受产地、产量、纹路不一致、无法弯曲、重量大、结晶体孔径大、接缝处有间隙、无法加工等条件限制的问题。

注意问题：
- 什么动态能缓减疲劳？
- 观察人是如何坐？包括动态、支撑点等。
- 查阅人机工学方面的资料，了解坐的支撑点相关知识。

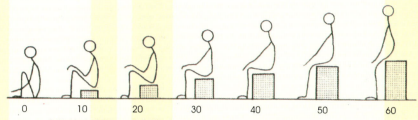

座椅的高度是很重要的，为了避免大腿下有过高的压力（一般发生在大腿的前部），座位前沿到地面或脚踏的高度不应大于脚底到大腿弯的距离。如图所示高度与坐板压力分布的关系。

当一个人坐在椅子内，他身体的重量并非全部在整个臀部上，而是在两块坐骨的小范围。各种研究得出这样的结论，当人体的重量主要是由坐骨节支撑时，人的感觉最舒服。

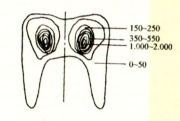

由于环境的不同，在设计座椅时考虑的坐面压力也不同。例如小区与商业街的座椅就有很大区别。小区的座椅一般都是相对固定人群在相对固定时间段使用，所以要考虑到坐面压力分布，考虑怎样设计使人坐得更加舒适；而商业街的座椅则不同，商业街的座椅一般只供人们暂时性的歇歇，所以只需提供简单的凭靠即可。

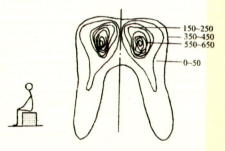

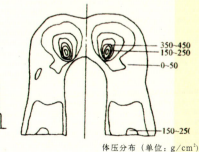

体压分布（单位：g/cm²）

坐面体压分布

《高等艺术设计课程改革实验丛书》
设施空间畅想/人机工学简析与效果图表现
Imagination of facility space

设计：陈习隽、封晔、孙燕、汤璟璟

住宅小区效果图

▶▶▶ 休闲廊／照明／坐具

根据前三周的调研、分析以及草图的构思，考虑到住宅小区的特性，我们主要对小区的休闲廊、座椅进行了再设计。

设计过程中，我们考虑到小区的休闲交流功能，例如座椅的设计，在绿地中间，将座椅按照一定的规律排列，使人们可以自由地交谈、游戏，同时，在道路旁，比较工整的分布座椅，可以充分发挥结合在座椅里的照明设施的作用。

D组

整体效果图

这组座椅大小高低不同，可以适应不同人的需求。内置灯的颜色多种多样，在夜晚形成丰富的视觉效果

结合照明的座椅效果图

▶▶▶ 休闲廊/健身具/坐具

此休闲廊的再设计，根据原有地形设计成圆弧形，蓝白色彩搭配，轻松醒目

追求通透、亲近自然的感觉，又达到了防雨的目的

休闲廊效果图

天然的绿色屏障——借助藤蔓植物为人们洒下一片清凉

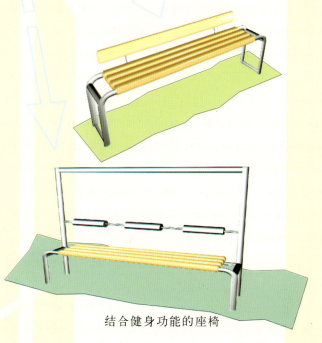

结合健身功能的座椅

D组

后　记

　　本书是教学改革系列丛书之一，所以在编写中自然地反映出学生们参与其中的活力和苦心。此书的编写基本上以一个班级的课程教学为主，选用了同学们的课程作业，也穿插了其他班级学生的部分作业，从中反映出的教学方法是我多年教学和实践经验的积累、也融合了学生们辛勤学习的成果。在此册成书之际，同学们和我投入执着的情感，以旺盛的精力共同努力完成书稿的情景仍历历在目。同学们放弃了许多休息日协助我工作；研究生王秋惠，青年教师张孝辉等为此书收集资料并协助辅导学生；东华大学艺术设计学院的环境艺术设计专业、工业设计专业、高职环境艺术设计专业的同学都在这本书中留下了勤勉的习作。尤其要感谢本科生林真、张婷、陈习隽等同学为书稿的版面需要重新作了部分作业，并做了版面编排、图片整理和制作等大量工作。对建工出版社李东禧先生、陈小力编辑的关心和支持再次深表感谢。

　　由于时间和水平所限，书中难免有不足之处，诚请广大读者指正。

俞英

2003 年 9 月于东华大学

《高等艺术设计课程改革实验丛书》简介

本丛书以艺术设计专业相关课程的改革和建设为目标,通过对课程目的、课程内容和教学方法的改革,探讨符合时代发展的教学思想和方法,为目前国内艺术设计教育改革提供了非常有价值的参考。该套丛书由若干本相对独立的课程实验组成,首批推出6本,即《展现的艺术》、《广告游戏》、《新民族图形》、《设计问题》、《设施空间畅想》、《观察与思考》。丛书开本为20开,120页左右,现已陆续出版发行,2003年9月全部出齐。

首批图书内容简介:

1.《展现的艺术》作者:叶苹(江南大学设计学院副院长、副教授)

本书是关于展示设计原理的实验性教材。通过空间、道具、展现等三个不同方面的教学课题来解析展示设计的基本原理。

2.《广告游戏》作者:陈原川(江南大学设计学院视觉设计系主任)

本书为高等艺术设计课程改革实验丛书之一,紧扣四周的广告设计课程展开,对广告设计的思维方式进行了深入的分析,对广告设计的创作进行了全新的尝试。以游戏的心态来研究广告设计,带有很强的原创性、实验性,是广告设计创造性思维锻炼方法的实验教材。

3.《新民族图形》作者:寻胜兰(江南大学设计学院教授)

这是一部有关中国民族图形构成方法和构成理论的书籍,亦是江南大学(原无锡轻工大学)设计学院专业基础课程教学改革的试验性教材。

该书将以全新的观点讲述构建"新民族图形"的理论依据以及所谓"新民族图形构成"的创作方法,并以图文并茂的方式,从几个方面具体讲述以现代创造意识和表现形式,对民族传统图形进行提炼、变异、进行二次创造的各种方法。

本书的出版,对于中国传统世态的继承和创新具有现实意义。不仅可以作为设计院校相关学科的教材,也适用于设计师和艺术工作者在创作中借鉴。

4.《设计问题》作者:何晓佑(南京艺术学院设计学院院长、副教授)

设计是为了使我们的生活更加美好,因此设计就要解决生活中的各种各样的问题。作为一名设计师,观察问题、发现问题、分析问题、提出问题、研究问题、把握问题、解决问题的能力是十分重要的。本书从问题入手,通过各种训练,使学习者提高这方面的认识能力和应用能力,为成为一名合格的设计师打好基础。

5.《设施空间畅想》作者：俞英（东华大学艺术设计学院副教授）

本书从空间环境与视点来探讨公共设施的意义，并通过不同的诸多课题的展开，使学生在学习中从认识、体验到逐渐领悟和把握环境空间设施的规律和要点。

本书从教学计划、作业要求、评分标准、示范作品等方面均有生动体现，对基础教学课程改革会有参考价值。

中国建筑工业出版社发行部

地　　址：北京百万庄

邮政编码：100037

开户银行：工商银行北京百万庄支行

帐　　号：0200001409089007764

本社网址：http://www.china-abp.com.cn

网上书店：http://www.china-building.com.cn

E-mail: xyj@china-abp.com.cn

中国建筑书店：(010) 68393745

传　　真：(010) 68359205

图书在版编目（CIP）数据

设施空间畅想/俞英著．—北京：中国建筑工业出版社，2003
（高等艺术设计课程改革实验丛书）
ISBN 978-7-112-05832-7

Ⅰ．设⋯　Ⅱ．俞⋯　Ⅲ．城市公共设施-建筑设计　Ⅳ．TU998

中国版本图书馆 CIP 数据核字（2003）第 035809 号

责任编辑：陈小力　李东禧

高等艺术设计课程改革实验丛书
设施空间畅想
Imagination of facility space
俞英　著
*
中国建筑工业出版社出版、发行（北京西郊百万庄）
各地新华书店、建筑书店经销
北京凌奇印刷有限责任公司印刷
*
开本：889×1194 毫米　1/20　印张：6⅖　字数：150 千字
2003 年 10 月第一版　2011 年 1 月第三次印刷
印数：4501—5500 册　定价：**39.80 元**
ISBN 978-7-112-05832-7
　　　（11471）

版权所有　翻印必究
如有印装质量问题，可寄本社退换
（邮政编码 100037）